江苏省住房和城乡建设厅　江苏省建筑文化研究会　组织编写

步院识筑

徐州户部山民居群建筑文化特色解析

崔曙平　柴洋波　富　伟
张明皓　王泳汀
著

中国建筑工业出版社

图书在版编目（CIP）数据

步院识筑：徐州户部山民居群建筑文化特色解析 / 崔曙平等著；江苏省住房和城乡建设厅，江苏省建筑文化研究会组织编写．—北京：中国建筑工业出版社，2021.12

ISBN 978-7-112-27010-1

Ⅰ．①步… Ⅱ．①崔… ②江… ③江… Ⅲ．①民居—建筑艺术—研究—徐州 Ⅳ．①TU241.5

中国版本图书馆 CIP 数据核字（2021）第 267590 号

责任编辑：宋 凯 张智芊
责任校对：张 颖

步院识筑
——徐州户部山民居群建筑文化特色解析
江苏省住房和城乡建设厅 江苏省建筑文化研究会 组织编写
崔曙平 柴洋波 富 伟 张明皓 王泳汀 著
*
中国建筑工业出版社出版、发行（北京海淀三里河路 9 号）
各地新华书店、建筑书店经销
逸品书装设计制版
北京富诚彩色印刷有限公司印刷
*
开本：787 毫米 ×1092 毫米 1/16 印张：7¾ 字数：77 千字
2021 年 12 月第一版 2021 年 12 月第一次印刷
定价：**58.00** 元
ISBN 978-7-112-27010-1
（38774）

Preface 序言

江苏省住房和城乡建设厅、江苏省建筑文化研究会组织编撰的《步院识筑　徐州户部山民居群建筑文化特色解析》一书于近期完成。本人有幸参与了书稿研讨环节，深感他们对徐州户部山传统民居保护的热爱与执着。因我也曾对徐州古城和民居稍有涉猎，故他们嘱我为此书写点文字。

“步院识筑”围绕徐州户部山传统民居开展了详细的分析和研究。

户部山是徐州府城南门与西南寨门之间的一处高地，古名戏马台，因有项羽养马戏马故事而得名。从徐州城南的地形地貌看，户部山实应系云龙山深入城里的一支余脉。正因徐州城位于黄、淮、济、泗诸水的交汇处，这既决定了它在历史上沟通南北、联动东西的战略地位，也使其难逃水旱灾害频仍的历史命运。据《徐州自然灾害史》(赵明奇主编，气象出版社，1994年)中的统计，徐州历史上发生有记载的水灾就多达400余次，其中因黄河泛滥而大水漫城的就有100余次。这也是导致徐州城中的高地多成为重要公共设施所在的重要原因。

明正德十四年（1519）和天启四年（1624）两次洪灾都使徐州陷入一片汪洋。后一次洪灾破坏尤为剧烈，三年后徐州府方得开始重修旧城。此后，朝廷将永乐年间设置的“徐州户部分司署”迁建于戏马台，而戏马台也就此称为户部山。清康熙年间，废户部分司署并曾短期在此设置“河营守备署”。由于户部山南联云龙山、北接南门的区位条件，以及地形高亢、俯瞰全城的环境优势，这里自古就是城市公共设施聚集之处。从清代地图上看，户部山及其周边集中了十数座庙宇祭坛书院之类，是徐州城最为重要的文化场所。

自天启年间始，随着官府衙署迁入户部山，一些大户豪族也逐渐跟进。清康熙年间设、迁“河营守备署”之后，这里成为徐州大户人家的理想居所。崔、余、翟、刘、李、郑、阎、魏“八大家族”纷纷在此购地置业，最终形成大宅林立、沿山而居的奇特格局。明清时期，徐州随京杭大运河的繁忙而再次兴盛起来，成为联通南北的交通枢纽，号称“五省通衢”。各方客商云集于此，不仅促进了城乡繁荣，也赋予城市以多样性的文化特征。

在这种背景下，户部山传统民居自然蕴含了北方浑厚与江南秀丽的双重特征，突出地展现出南北建筑文化在徐州大地上的深度融合及其在户部山独特环境条件下所具有的地方性特点。而这正是“步院识筑”这本书中所着力分析和研究的。本书从户部山民居群落中撷取一批典型的家族式院落组团加以详细剖析，力图展现出传统生活方式、家族文化、地方做法等诸多因素在户部山这块具有悠久历史的文化高地上叠加融合后形成的居住模式。它集紧凑、复合、多样以及和谐、共生、绿色等优秀品质于一体，是我国传统民居之林中的一朵奇葩。

值得指出的是，在近年来对户部山民居的保护维修工作中，有来自北方、江南和本地工匠团体的共同参与，这进一步巩固了这组民居群落固有的文化多样性品格。

相信广大读者能够从本书中感受到户部山民居的内在魅力。

是为序。

东南大学建筑学院

2022年1月4日 于前工院

目录 CONTENTS

1 走近户部山

1.1
户部山的营建源流

户部山位于旧时徐州城之南，故古时按其方位称为“南山”。山体海拔虽然只有70米，但因其重要的地理位置以及冷兵器时代相比古城房舍较高的地势，因而一直是徐州的战略要地。公元前206年，项羽定都彭城（古徐州），在南山上构筑高台，指挥操练士兵，观赏战马驰骋，自此有了千古名台——戏马台。这是户部山上最早兴建的建筑，在其周边至今仍留存有系马桩遗址和众多相关碑刻。

到了明代，京杭大运河在苏北借用了当时的黄河河道而流经徐州城下，徐州从此成为贸易兴旺、商贾云集之地。但明天启四年（1624年），黄河决口，“水浸徐州城三年不退”。为避水难，徐州户部分司主事张璇将户部分司署迁移至南山办公，而后即在山上“筑石垣，修屋宇以为署”。自此，戏马台所在的南山遂更名户部山，开始成为当地官宦之家和富贵豪门争相觅地造屋之地，逐步修建了大量的民居建筑。各类高宅大院以戏马台为中心，沿山坡次第分布，错落有致，徐州户部山民居建筑群由此逐步发展与形成（图1-1）。

清代末期，由于黄河频发水患并最终北徙山东入海，以及铁路交通的兴起导致徐州丧失了水运交通枢纽的地位，繁华的户部山也

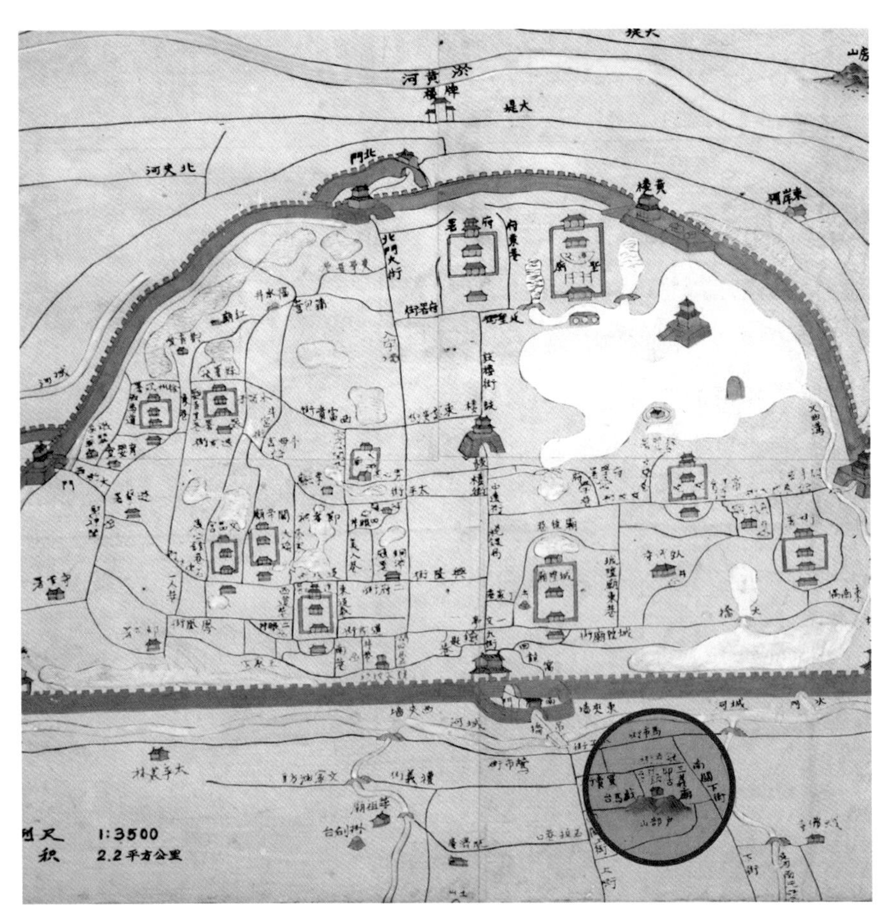

图1-1　清代户部山区位图

来源：徐州市城市建设档案馆

受到影响。但一直到民国时期，户部山依然是徐州地区的经济中心。从明代到民国的几百年间，户部山周围集聚了一批官宦之家、富商巨贾、书香门第等高大门户的民居宅院，形成了徐州地区最具代表性的民居建筑群。

受战争的影响，至新中国成立之初，户部山民居早已千疮百孔，多已成为危房，过去的豪宅大院也早已面目全非，很多成了名副其实的“大杂院”。20世纪90年代以来，在徐州市城建和文化部门的不懈努力下，徐州市对户部山地区进行了大规模的修复和改建工作。经过修缮和整治之后的户部山民居建筑群又展现出迷人的风貌，2002年10月，江苏省人民政府将户部山民居群列为省级文物保护单位。2006年5月，户部山古建筑群被国务院列为第六批全国重点文物保护单位。

1.2 户部山民居概况

户部山古建筑群中保存较完整的古民居院落有11处500余间，包括崔家大院（崔焘翰林府）、余家大院、翟家大院、郑家大院、李蟠状元府、李家大楼、魏家园、闫家院、刘家院、老盐店等。

崔家大院又称“崔焘故居”，位于徐州市区户部山西坡，是明清时期两位翰林崔海和崔焘的宅第。因门前小广场上曾矗立着两根高大的旗杆，上面悬挂着大大的“崔”字，民间也称之为“崔旗杆”。

崔家大院为崔氏家族在徐州的聚居地。其中，下院和上院的前半部分，东西长112米，南北宽44米，占地5500余平方米，建筑面积2750平方米，由12个四合院组成。现存单体建筑57座、房屋156间，是户部山民居建筑群中规模最大、最具代表性的建筑群（图1-2）。

余家大院作为民居始建于清代，原为尚氏在明代户部分司署旧址上兴建。清康熙年间，徽商余氏三兄弟从尚氏手中购得后，进行了改造，自此，成为余家大院（图1-3）。

全院有三路三进院落，占地4222.9平方米，建筑面积1478平方米，有房屋105间。建筑以中院为中心，东西各有一个花园。中院的大客厅为明户部分司署旧址，面阔三间11.7米，进深七檩8.5米，前廊抱柱，檐高3.55米。客厅后为起居室，院内磨坊、盐房、书房等一应俱全（图1-3）。

翟家大院（图1-4）始建于清代，位于余家大院与郑家大院之间的狭长地带。大院坐西向东，由东向西顺山而建，有四进院落，占地1000平方米，建筑面积601平方米，有房屋38间。其中最具特色的建筑为鸳鸯楼，该建筑上下叠压，内无楼梯，楼上楼下的门朝向相反，因此得名“鸳鸯”。鸳鸯楼整体面阔三间9.7米，进深5.1米，檐高7.5米。宅后为后花园，其中亭子因地势高爽，故云“伴云亭”，是

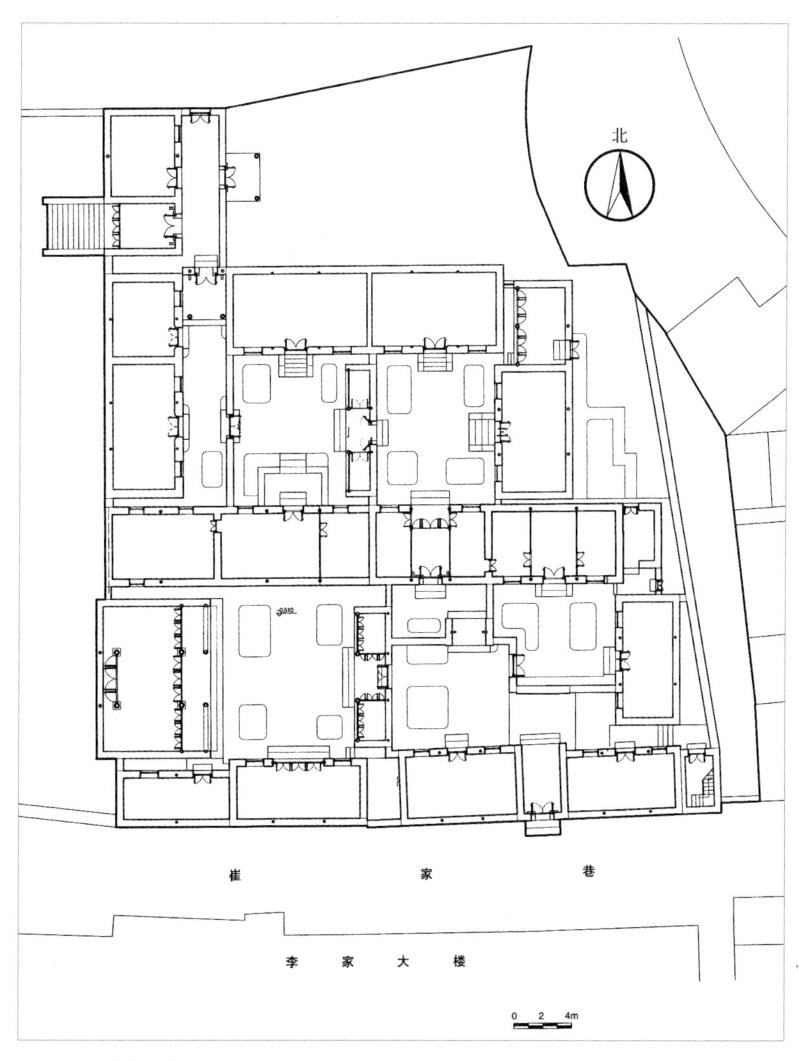

图1-2 崔家大院平面图

来源：徐州崔焘故居上院修缮工程报告

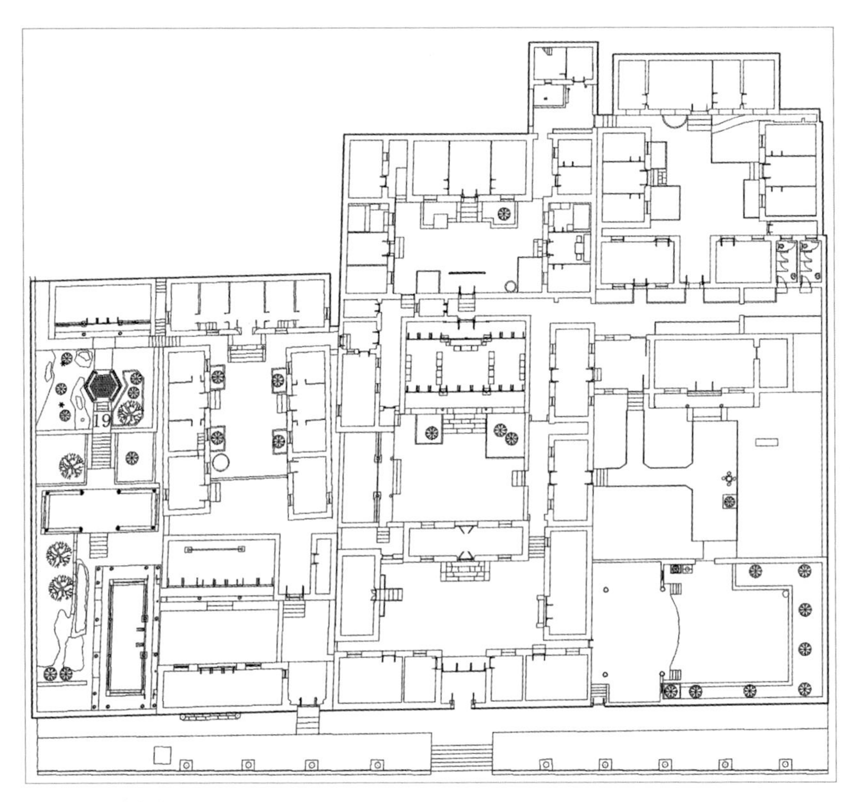

图1-3　余家大院平面图

来源：中国传统民居类型名录

当时文人聚会之所。

目前，余家大院、翟家大院、郑家大院、刘家大院等五个明清时期的民居院落已经打通，共同组成了徐州民俗博物馆，并对外开放。

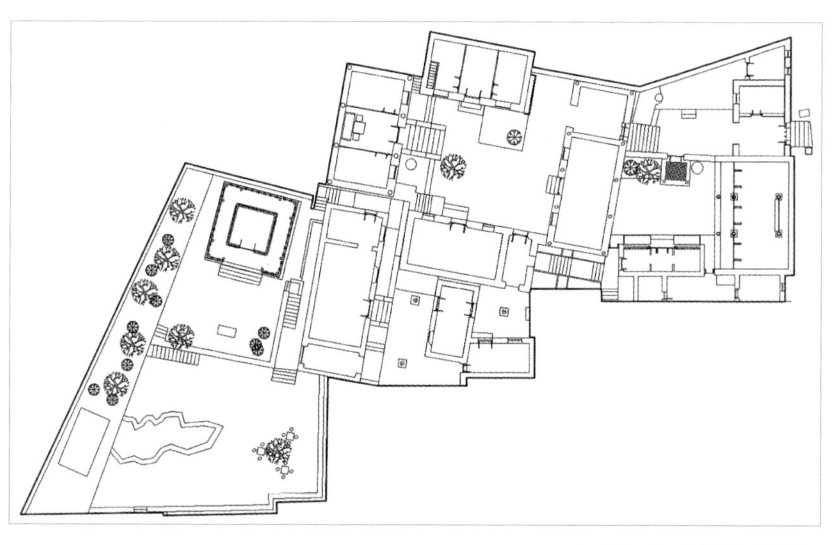

| 图1-4 翟家大院平面图

来源：中国传统民居类型名录

2 南北过渡的山地院落之美

2.1
绕山而居：院落分布与朝向

户部山民居建筑群坐落在山坡地带，各大院以山顶端的项羽戏马台等庙宇建筑为中心，呈环形阶梯式分布在户部山的周围。这种布局方式与北方平原地带或江南水乡地区民居建筑群的组织方式有很大不同。

在北方的平原地区，民居朝向大多追求正南或南偏东的方向，以避免受到冬季主导风向——西北风的影响。因此，民居组群也呈现出整体一致朝南的朝向。北京的东四地区和西四地区就是各由十条东西向的胡同所联系的大型南北向民居建筑群（图2-1）。在江南水乡地区，冬季相对没有那么寒冷，对朝南的需求没有那么强烈，影响江南地区建筑朝向的主要是河道的走向。这是因为，水运在古代是运输效率最高的交通方式，江南地区水网密布，河道可以直达村镇内部，河道两岸就自然成为商家的必争之地。例如，乌镇西栅的多数民居都是正对河道开门，并垂直于河道形成了东西向的院落轴线（图2-2）。

户部山民居建筑群是官商仕族们为了躲避水患，自发聚集形成的。因此，地势越高的位置越受欢迎，最初在此选址的家族自然占据了山坡最高的位置。随着宅院的不断聚集，就逐渐形成了环形阶梯式的分布。当院落位于山坡同一高度上，不同的朝向则体现出院落主人

图2-1 北方平原民居代表——北京胡同式民居建筑群
来源：世界摄影地理

身份的差异。

山南坡朝向最佳，可以朝南开设院门，因此占据此地的往往是财力雄厚或地位显赫的家族，余家大院、崔家大院和李蟠状元府等都属这一类。这些大院占据了户部山最理想的位置，建筑群体组合符合传统的中轴对称布局，又根据地形的不同而灵活变化。

东坡的地理位置比南坡稍差，这里的大院只能院门朝东，如郑家大院、翟家大院等。进入院

图2-2 江南水乡民居代表——乌镇民居建筑群
来源：http：//www.sevensem.com/

门之后，往往会通过照壁进行院落转折，主要建筑的朝向仍然是以南北向为主。

院门朝北的大院也为数不少。在南向和东向都无法实现的情况下，它们一般位于道路的南侧，如刘家大院、李家大楼、徐顺记纸坊、李同茂酱菜园、张记茶叶店等。这类院落虽然大门朝北，但院内房屋的开门仍然朝南，只是进入院门先看到的是房屋的后墙，须通过房屋旁的便道进入三厢房的院落。

相对而言，位置最差的是位于西坡、院门朝西的大院。它们主要分布于今彭城南路的沿街东侧，如王家大院、周家大院等。这类大门朝西的大院，院落由西向东延伸，但每进院落的建筑主体仍为南北朝向。

纵观整个户部山民居建筑群，不难发现，虽然各大院的整体分布受到地形的影响，呈现环形分布的特殊形态，具有典型山地民居特征，但在院落内部仍然力求符合以南为尊的传统礼制，这也与徐州仍属于北方气候区的气候特征相吻合（图2-3）。

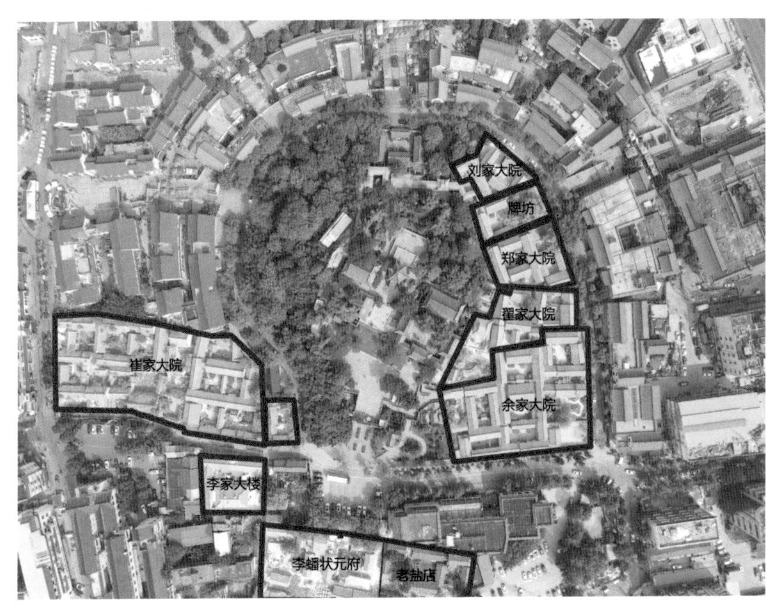

图2-3　户部山民居建筑群格局
来源：作者自摄

2.2
庭院深深：院落规模与格局

进入户部山各大院，这些纵横排列的院落就一层层地呈现在人们眼前了。以院落围合形成建筑组群的方式，是我国自古以来的主流民居建筑组合方式。出土于陕西岐山凤雏村的西周时期建筑群遗址，表明四合院在中国至少有三千多年的历史。考古发掘证实，这座遗址是一座两进式院落，院落与院落之间，沿一条南北向的中轴线串联组合。这种多进组合的院落，通常从大门沿中轴线方向，由南向北，依次称为一进、二进和三进院落。在一些王公贵族的府邸，有时甚至可以达到十进以上的规模。当居住者的家族人口规模越来越大，但受到用地制约无法沿南北轴线延伸时，还有另外一种扩张建筑群的方法，即在东西两侧增加平行于中轴线的多进院落，称为“东路”或“西路”。在户部山民居建筑群中，这些组合方式都得到了广泛的应用。

余家大院、翟家大院都是三进三路式的院落组合。虽然受到地形的限制，局部轴线可能有所转折，但整体仍展现出了几大家族的庞大规模和雄厚财力。崔家大院作为户部山规模最大的建筑群，分为崔家下院、崔家上院和客屋院三大部分，每组院落都是多进多路的组合，共有房屋320余间，几乎覆盖了户部山的半个西坡（图2-4）。

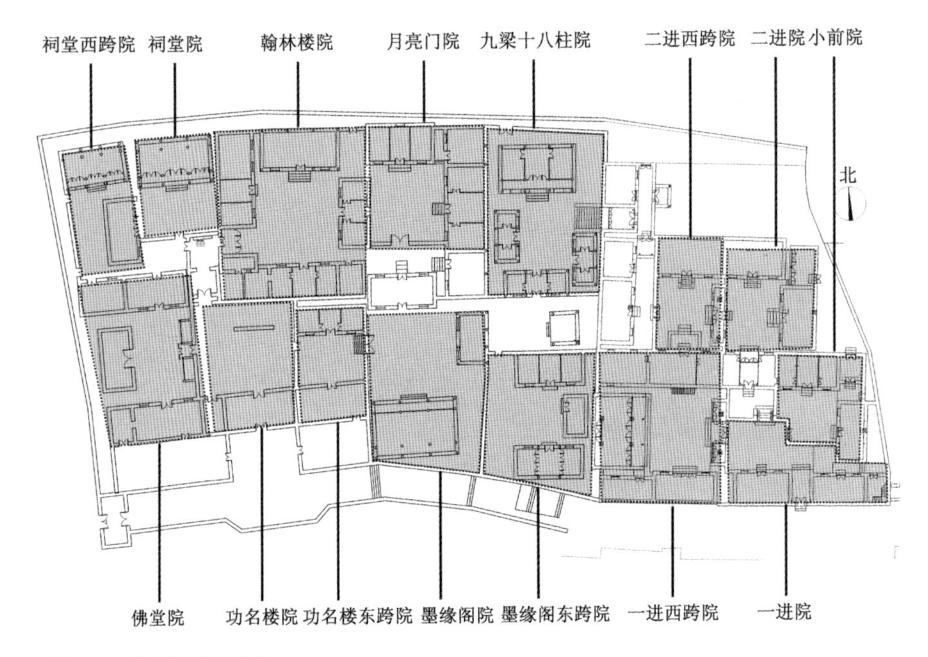

图2-4　崔家大院院落分布
来源：中国传统民居类型名录

当我们站在户部山这些院落内部环顾四周的时候，会发现院落的长宽比例有些特殊。既不同于北方那种南北进深大，东西面宽小的合院，也不同于江南民居常见的南北进深很小的狭长式天井，这里的民居院落大多采用的是接近正方形的比例。同时，在某些院落的衔接处，也会有天井的出现。

户部山民居建筑群的这种特殊院落比例，与徐州位于南北方过渡地带的地理位置有关。北方

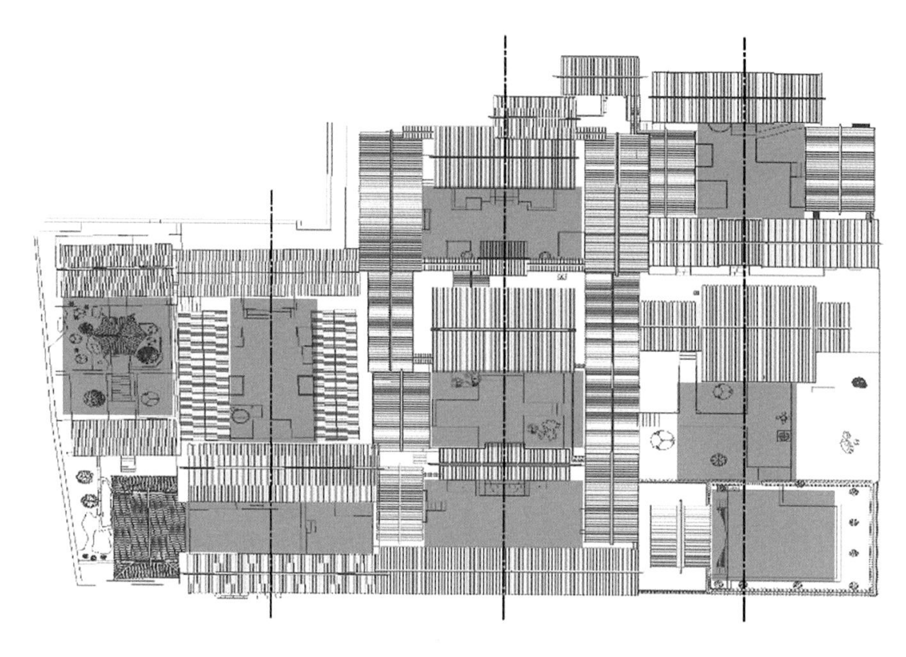

图2-5 余家大院院落比例
来源：作者自绘

地区冬季太阳日照角度较低，只有大进深的院落才能保证主要建筑能享受到充足的日照。江南地区气候温暖湿润，对冬季太阳直射没有太高要求，反而是夏季需要遮阴，因此狭长的天井更符合需求。徐州地处黄淮之间，仍属于冬季寒冷地区，因此仍然采用了能够保障冬季主屋室内日照的院落形式，只是在进深尺度上相比北方有所调整。同时，受户部山本身的地形限制，减小院落进深也体现了山地建筑群落的特色（图2-5）。

2.3 陈设合宜：院落景观与陈设

院落空间作为民居中最实用的生活空间之一，不仅具有交通联系和日照通风的功能，还是住户乘凉、休憩等露天活动的场所。同时，院落中还可以种植花木、点缀景石，为民居内部增添景色。有的还会布置小型水面，增加自然情趣。

户部山民居建筑群院落中的花木配置多以寓意良好或花形美观的徐州本土植物为主，如海棠（取其兄弟和睦之意）、石榴（象征多子多福）、桂花（具有平安富贵的含义）等。有的花木亦能表现大户人家的文化品位，如“三紫”（紫荆、紫薇、紫藤）、“岁寒三友”（松、竹、梅）等。一些人们认为不利的寓意，则极力避免，如院落内不种桑（丧）树、槐（坏）树（图2-6）。

户部山民居建筑群的院落还承载了堪舆调节的功能，布局体现趋吉避凶的美好愿望。如余家中路后院，在院落的坤位开门以通向西苑。按照“坎五天生延绝祸六”的歌诀，坤位为绝，代表绝命破军，属凶位。为了破解凶位的不利影响，在后宅堂屋门外踏步西侧，即院落的镇煞方位建造了“房胆”。房胆是砖砌的四方形小建筑，中央空心，四周留门窗，上用大石板盖顶（图2-7）。

图2-6　余家大院种植的石榴树
来源：作者自摄

图2-7　余家大院房胆
来源：作者自摄

3 雄朴沉稳的建筑之美

根据房屋位置、形式与功能的不同，户部山民居的建筑类型可分为门屋、厅堂、厢房、鸳鸯楼和其他用房。

3.1
门户有别：门屋建筑做法

传统民居建筑的入口装饰，主要指的就是门的形制以及门口两侧附加的装饰要素。这些装饰要素可以装点门户、烘托氛围，与门的形制共同完成门户的形象塑造。户部山古建筑群尽管曾经贵为明代户部分司，具有一定的官式建筑特质，但是由于后来成为商贾大户的居所，因此建筑入口低调了许多。也有人认为是由于徐州匪患猖獗，开门小以示低调。

3.1.1 入户门楼

在传统民居中，入户的大门也称门房，也有的称之为倒座房或过邸，处在院落的最外面，同时也与传统民居建筑群的轴线相互垂直，一般都临着街巷。倒座房，在北方比较普遍，主要的作用就是作为院落内外的过渡空间。在一个四合院中，倒座房的正门往往处于八卦中的巽位，即东南角，而作为四合院中重要的主屋则坐北朝南，因此也有着“巽门坎宅”的说法（图3-1、图3-2）。

徐州地区的大门一般都相对高大，因此有的也被称为门楼。目前门楼还保留有几处，大都为一层，位于前部倒座房的一角或中间，占据其中的一个开间。就单体建筑而言，大门的总体风格和两侧的建筑相似，但如何突出大门，进而凸显主人的地位呢？户部山的传统民居采取了如下的

图3-1 崔家大院倒座房
来源：作者自摄

图3-2 崔家大院倒座房外墙
来源：作者自摄

图3-3　崔家大院门楼

来源：徐州市城市建设档案馆

办法：将大门部分两侧的墙体抬高，超出两侧的屋面，形成一个高大的空间，这样就可以在街巷连续的界面中凸显门楼的地位。为便于通行，门楼的内部往往不设家具，在毗邻街巷的一侧设置整个大院的院门，而紧贴内院的一侧则悬挂朴素的挂落来进行简单装饰。两侧突出的山墙下面设有墀头，一般以素墀头为主，丰富了整个立面的层次关系。此外，有的重要建筑还在门楼外侧悬挂牌匾，最典型的就是崔家大院在门楼上悬挂“翰林”牌匾，彰显崔海、崔焘一门两“翰林”的尊荣（图3-3）。

3.1.2 过邸与垂花门

过邸是徐州户部山传统民居中对只有穿行作用的房屋的统称。一般最外侧的过邸为建筑院落的主要入口，内部前后两进院落之间的通道也通过过邸连接，余家大院里也有采用垂花门来连接的，院落层次复杂的还有二过邸、三过邸等。

过邸的设置与入户的门楼相似，一般都是一开间，朝下一进院落开敞，其他三面围合，也有在两栋单体建筑间作为连接体出现的例子。和门楼相似，过邸也比两侧的建筑高大一些，因此屋面也要高于两侧，山墙也设置墀头等。在院落内部的二过邸、三过邸等都会设置门，而作为连接体的过邸，则仅仅是一个通道，不另设置门（图3-4）。

图3-4 崔家大院二过邸
来源：徐州崔焘故居上院修缮工程报告

垂花门是我国传统民居建筑院落内部的门，往往处于内外宅院的分界

线处，也是内宅与外院之间的唯一通道。垂花门在我国传统的住宅、府邸和园林中都有采用。由于其往往处于不同功能的交界处，因此具有特殊的意义，形式独特。民间有“大门不出，二门不迈”的说法，这“二门”指的就是垂花门是古代大家闺秀活动的边界。北方四合院的垂花门比较考究，通常都采用一颗柱承担，大门镶嵌在柱子上面，内外两侧同时各有一根悬着的柱子，这个柱子的末端最为特别，是一个倒垂的莲花，垂花门也因此而得名。垂花门的屋顶形式也比较多，有悬山、卷棚的，也有采用勾连搭的形式，即半边卷棚和半边悬山屋面的组合。由于具有很强的装饰性，在北方四合院中垂花门也往往成为衡量房屋屋主地位的标志。

户部山传统民居中的垂花门案例不多，以余家大院和翟家大院的垂花门最具代表性。余家大院的垂花门为悬山顶形式，大门安装在两侧的垛墙上，门外向外出挑的部分左右两侧各有一根悬柱，柱头下方设置倒置的莲花（图3-5）。靠近内院的一侧，还设置有一道屏门，它的主要作用是遮挡视线，分隔空间，保护内部的私密性。尽管不如北京四合院的垂花门那般考究，余家大院的垂花门也做到了内外有别，并且有较强的装饰性。经过修复的崔家上院内部有一道门，名为谢恩坊，位于二过邸大门的左前方，和一过邸西侧面北的三间倒座房大门相对，它是经过修复后崔家上院的一颗明珠。与余家大院的相比，这座垂花门要精致了许多，其木雕的莲蓬不仅雕刻手法精湛，而且与垛墙墀头砖雕形成整体，墀头砖雕较为简单，刻有荷花、荷叶和水纹，其与木雕垂花莲蓬头正好形成了荷的一家，只有藕在水下。谢恩坊的门楣上还镶有万卷书形式的一对门簪，象征着书香门第。垂花门屋顶形式采用了本地的合瓦屋面花板脊做法，加之采用了“五脊六兽”来装饰，因此在整个崔家上院中的地位就显得尤其重要（图3-6、图3-7）。

图3-5 余家大院垂花门

来源：作者自摄

图3-6　崔家大院垂莲做法

来源：徐州崔焘故居上院修缮工程报告

图3-7　崔家大院垂花门

来源：徐州崔焘故居上院修缮工程报告

3.1.3 房门与披檐

房门是户部山民居每个建筑的主要入口，多为双扇实木门，有的门框外面还有砖砌的小龛，里面可以放夜里用来照明的蜡烛或者油灯，可以说考虑得非常细致入微。有的房门下方还有一个砖砌的小洞，洞口内外联通，不过有个45度的转折，作为给小猫专门开设的进出房屋的出入口，十分有趣。房门的门头往往用砖向内出挑，形成曲折有度的线脚，门上的过梁外侧用立砌的砖悬挂，这种做法本地又称为砖细出檐，门头的两侧还往往设有两个铁件，在喜庆或节日悬挂灯笼。这种砖细出檐做法的优点在于使得立面的材质得到统一，同时又不失细部，因此本地比较讲究的民宅很多都采用类似的门头。不用这种砖细出檐的门头，其门上的木质过梁就会显露在外，风格上也更为粗犷（图3-8）。

户部山民居中一些比较独特或重要的建筑门头上还会有披檐，将建筑的房门入口进一步突出出来。如崔家大院的鸳鸯楼，房门上的披檐实际是向外出挑不大的一个小屋檐，其风格与正房比较类似，屋脊也如扁担状遒劲有力，向外出挑的插栱层层叠起，和官式的斗栱做法迥然不同。整体上看，房门和披檐的组合可以有效地突出该栋建筑的独特之处，丰富了建筑的立面，同时向外出挑的披檐也可以遮挡一些微风细雨（图3-9）。

图3-8 砖细出檐做法
来源：作者自摄

图3-9 户部山民居披檐做法
来源：作者自摄

3.2
厅堂之造：厅堂建筑构成

厅堂建筑是指院落中轴线上的主要生活用房，也被称作正房。根据位置和功能的区别，正房又可分为堂屋、穿堂屋、正厅和花厅。

3.2.1 堂屋

堂屋一般为院落中轴线上最后一进院落的主体建筑，位于轴线的尽端，承载最重要的功能——院落主人的住所。堂屋一般为三开间或五开间。三开间的堂屋的布局多为一明两暗的传统布局，当中一间一般作为家庭的起居和家庭内部会客之用，两边的房间是主人的卧室。也有两边一间为卧室，另一间为书房的情况。五开间的堂屋，一般是在两侧各加一间房屋，房间的功能也更加灵活。有的作为子女房间，有的作为储藏室使用。在堂屋的功能上，户部山民居和全国大部分地区住宅的情况都是类似的，也体现了中国传统民居的共性特征。

户部山民居堂屋建筑形象大多比较朴素：屋顶多为单层硬山顶，外观不加柱廊，但门前一般有高大的台阶，给人以高大堂正的感觉。

如果是大户人家，还会在堂屋的入口处增加门套，在山墙处装饰山花（图3-10）。

户部山民居的堂屋布局，有时会根据地形的变化，做出相应的调整。比如余家大院的西路院堂屋，五开间的当中三开间为单层，两端两间由于地势的差异分别做到两层，上面是主人和子女的生活用房，下面则是储藏空间。

穿堂屋在户部山传统民居中指的是位于中轴线上二进院落或者三进院落的主体建筑，特点是前后开门，主要用于区分家庭生活区和对外接待会客的区域。穿堂屋通常也具有生活起居的功能，因此后门是关闭的，只有当家中有婚丧嫁娶及其他重大活动时，穿堂屋的大门才会前后打开。"登堂入室"这个成语就是借用穿过厅堂，进入内室的意思表达学问或技能从浅到深，达到很高的水平。

余家大院的穿堂屋也是三开间，硬山屋顶，前有台基。但是穿堂屋位于当心间的门基本不做装饰，十分简朴（图3-11）。

3.2.2 正厅

厅和堂的主要区别在于，厅是专门用于对外接待、会客的场所。根据位置的不同，可以分为正厅和花厅。正厅一般位于院落中轴线的前端，在进入垂花门之后的第一进院落。在户部山由于地形的限制，也有正厅位于平行于院落的中轴线上的情况，如崔家上院的大客厅。

图3-10 堂屋门套

来源：作者自摄

图3-11　余家大院穿堂屋
来源：徐州市城市建设档案馆

正厅的朝向也因地形的限制而各有不同。

但相同的是，由于是专门用来接待会客的空间，正厅的建筑形制都比较高。一般面阔三间，前廊后厦，装饰华丽，前面开敞，后面封闭，朝向院落的一面常为格扇门，比较通透。正厅的建筑结构多为抬梁式结构，由于屋架较高，在檐口以下常使用花格垫板与梁枋，部分施以彩绘，在其他房屋的衬托下更显高大、精美。

图3-12　崔家上院西大厅
来源：徐州崔焘故居上院修缮工程报告

等级比较高的正厅在房间后排金柱之间用木隔板隔出一步架，然后在后面开门，作为佣人端茶倒水的通道。在前面檐柱和金柱之间，常设有廊子，檐柱之间装有诸如花罩、挂落、雀替、雕花垫板等装饰。山墙则以山花为装饰，如狮子滚绣球、荷花鸳鸯、凤凰牡丹等。屋顶则用吻兽加以装饰。

目前在户部山传统民居中，保存最完好的正厅当属崔家上院的西大厅（图3-12）。该建筑面阔三间，前廊后厦，内外清水砖墙。檐柱两侧有美人靠相隔，金柱中部为花棱门，两边为落地长窗。花棱门上跑马板下刻花鸟鱼虫，花棱门下面的裙板上刻有历史人物。西大厅的屋顶做法为合瓦屋面，使用了毛头排山、花板潮水脊、“五脊六兽”“插花云燕”等装饰做法。

为了增添正厅的气势，崔家大院的西大厅还在铺地、墙面和梁架装饰上做足了功夫。室内是高等级的方砖铺地，下部周边墙面用的是装饰效果很好的水磨白缝砖作为墙裙，前廊两头为龟背锦图案磨砖对缝砌筑，有很强的视觉效果。其余墙面为白麻刀灰粉刷，使室内光线较为明亮。西大厅梁架上的彩绘发现于2000年，位于大梁下部木雕上，当时仅存金色和大红的底色。这是徐州地区发现的第四处彩绘建筑，目前经过严谨的考证和专家认定，已经对局部进行了复原（图3-13）。

图3-13　崔家大院西大厅梁架彩画

来源：作者自摄

花厅是指花园里的厅房建筑，通常是达官贵人、豪绅巨富在花园里会客、接待的场所。其位置虽然不在院落的中轴线上，但由于周围环境较好，一般立面比较通透，且建筑形式比较优美，不但作为观景的场所，也作为景观的一部分。

目前，在户部山民居中的花厅仅存一例，为余家大院西路院中的西花厅（图3-14）。西花厅面阔三间，四面设廊，金柱之间用格扇门窗，把西花园的优美景色融入客厅当中，并且巧妙地衔

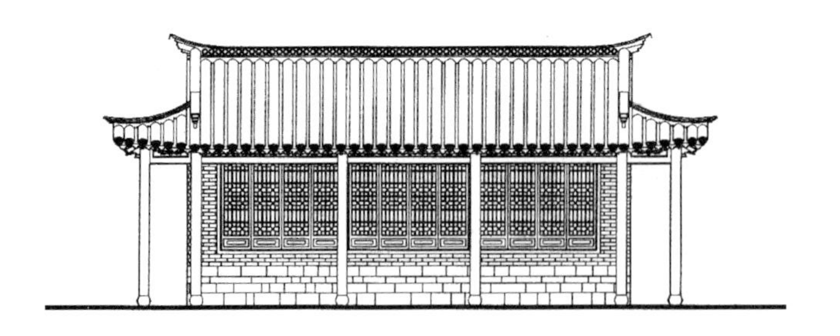

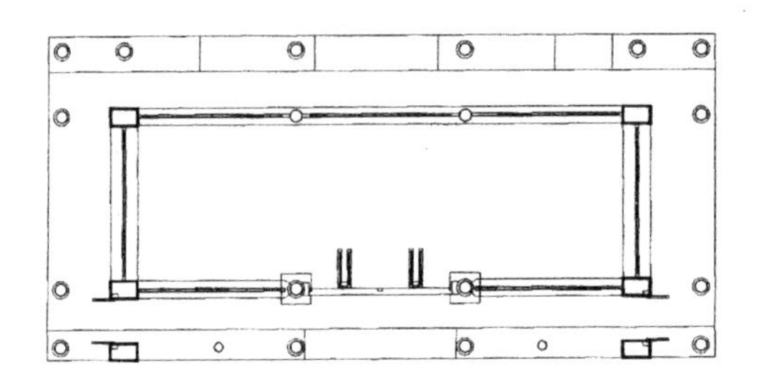

图3-14　余家大院西花厅平立面图

来源：户部山民居

接了西花园和客厅院。西花厅屋顶为九脊歇山顶，造型优美、装饰华丽，与周围环境融合协调。

这种三开间的歇山顶建筑，因其小巧的体量和精致的造型，在我国古典园林中经常出现。如拙政园的远香堂、芙蓉榭都是歇山顶建筑。但二者又有所不同：在芙蓉榭中，为了体现滨水亭榭小巧细腻的风格，采用了卷棚歇山顶的做法，弱化屋顶的棱角（图3-15）；而远香堂作为拙政园中区体量最大的主体建筑，则采用有正脊的歇山顶做法，以突出地位（图3-16）。

图3-15　芙蓉榭
来源：作者自摄

图3-16　远香堂
来源：作者自摄

3.3
不拘一格：厢房的多种用途

厢房在中国院落式民居中，指位于轴线两侧，与正厅或堂屋垂直布置的房间，是构成围合院落的必要建筑。厢房一般供晚辈居住或用作厨房、储藏间等使用。在正厅所在的院落，有时也会将厢房作为客人等待、休息的用房，称为待客厅。由于厢房的位置不在中轴线上，其重要程度不及堂屋和厅堂，而不同朝向的厢房等级也略有差别。一般是左上右下，东边厢房的等级高于西边厢房的等级，这在房高、尺度等方面均有体现，一般是年长者或辈分稍高者住在东厢房。

厢房面对外界的墙体通常是封闭的，仅在面向院落的立面开门开窗，通常为一门两窗。两侧山墙有时做影壁，结合山墙的位置进行统一处理。户部山民居的厢房开间基本都是3米左右，但开间数和大部分传统民居有所不同。其他地区的传统民居大部分为3、5等奇数开间，而户部山民居的厢房却奇、偶数开间并存，以2、3、5居多，因此厢房的长度灵活多样，不同长度的厢房围合产生了丰富多样的院落空间（图3-17）。

由于户部山地势的变化，有的厢房也会建成二层的楼房。如翟家大院二进院的厢房，就是二层房屋，作为绣楼使用。在绣楼的二层山墙上，还开有望月窗（图3-18、图3-19）。

图3-17　余家大院厢房

来源：徐州市城市建设档案馆

图3-18　翟家大院绣楼
来源：作者自摄

图3-19　翟家大院绣楼望月窗
来源：作者自摄

3.4
依山就势：鸳鸯楼的做法

鸳鸯楼是户部山传统民居中最具地方特色的一种建筑形式，在江苏其他地区鲜见。这类房屋本是上下两层的建筑，楼上和楼下各开一个房门，但是门的方向却正好相反，通向两侧不同高度的地面，两侧地面的高差正好是一层楼的高度，因此，鸳鸯楼实际上是因地制宜建房的一个典范，体现了先人房屋营造的智慧。由于建筑一般多为南北朝向，房门的开启方向往往也是南北向，所以形成南阳、北阴的格局，因此鸳鸯楼实际为阴阳楼的谐音罢了。

鸳鸯楼巧妙地解决了山体建筑地面落差大，又要形成多进四合院所带来的困难，既能用于串联四合院的纵向扩展，也能用于并联四合院的横向扩展，具有很强的适应性。目前户部山仅留存崔家上院鸳鸯楼和翟家大院鸳鸯楼两处（图3-20、图3-21）。

| 图3-20　翟家大院鸳鸯楼南立面

来源：作者自摄

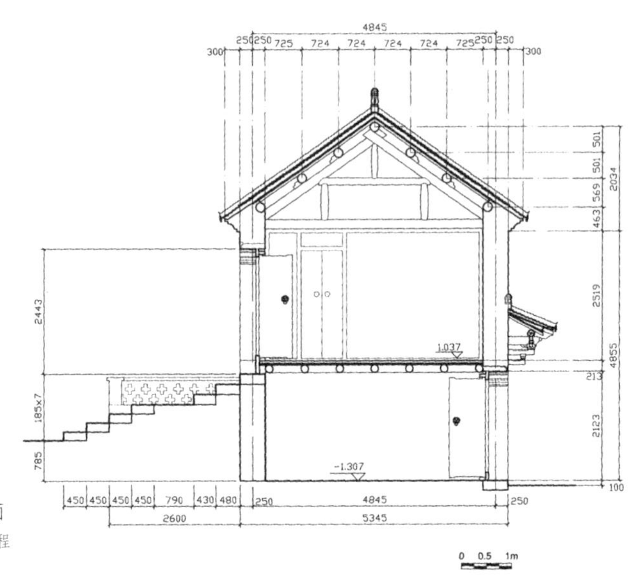

| 图3-21　崔家上院鸳鸯楼剖面

来源：徐州崔焘故居上院修缮工程报告

3.5
其他建筑

在院落式传统民居中，除了构成围合的主要建筑之外，还有许多在交接位置的辅助用房，一般包括耳房、腰房、腰廊等。

耳房为生活辅助用房，居于主房或厢房两侧且与之毗邻，但进深比主房或厢房要小，开间比较灵活，有三开间，也有两开间。耳房的朝向与所毗邻的主房或者厢房一致，向院落或廊道开门窗，其他三面封闭。耳房由于规模较小，多用金字梁架，部分耳房会用插栱挑檐，使其檐口和相毗邻的主房或厢房对齐（图3-22）。

图3-22　崔家上院耳房插栱
来源：徐州崔焘故居上院修缮工程报告

腰房是联系平行的两路院落的房屋，一般为三开间，进深较小。位于平行的两路院落之间，对两路院落都开有门窗，比较开敞，为专门通过性的房间。明间仅作为交通空间使用；梢间则可以作为储藏，在过去也常常用作仆人居住的空间。腰廊的作用类似腰房，立面更为通透，采用格栅门窗，其中明间用雕花飞罩做装饰（图3-23、图3-24）。

图3-23　余家大院腰房
来源：作者自摄

图3-24　崔家上院腰廊

来源：徐州崔焘故居上院修缮工程报告

4

古拙不凡的装饰之美

识苑
究院

4.1
庄重柔和：屋面装饰

国际古迹遗址理事会理事、德国专家霍恩在参观户部山民居后曾说，最能打动她的是那条像“扁担”一样微微起翘的屋脊，简单而不失力道。这一评论听似并不具有深刻的学术性，但是却能够直指人心，更一语中的地总结了户部山传统民居古拙不凡的装饰之美。

户部山传统民居建筑的屋顶采用了北方所普遍采用的“硬山顶”（图4-1、图4-2），结构简洁、技艺精炼、造型古朴，体现了朴素和刚

图4-1 户部山硬山顶
来源：作者自摄

图4-2 平遥城隍庙硬山顶
来源：作者自摄

直的特点。随着明代用砖的普及，硬山式屋顶也随之得到了普遍使用。它是一种以砖材为主，只有前后两坡屋面的屋顶形式，两侧的山墙一直向上延伸到屋面处。而与之相似的悬山顶（图4-3）尽管也有不少采用砖材，但是它的两侧山墙都在屋面下方而把内部的檩条露出，从山墙上可以看出两者有着本质的区别。由于南北文化在徐州交融，不同地域的建筑特征也在户部山及其周边民居有所体现，以封火山墙为典型代表。封火山墙往往多用于南方密度较高的村落，通过把山墙抬高的形式将周边的火灾阻断。户部山民居之所以也使用封火山墙，一是由于大户人家为了躲避水患，往往在户部山见缝插针进行建设，形成了层层叠叠的院落组合，密度也高于其他地区，采用南方封火山墙的方式可以在发生火灾的情况下有效阻断火势蔓延；二是由于封火山墙本身的形态比较优美，也可以利用封火山墙解决本地民居的一些不利因素。如李可染故居的小客厅有堵山墙边角恰好对着西院主房屋的大门正中，为了解决主房大门正对墙角的不利局面，将原本单一的山墙改为封火山墙的形式，形成了本地所独有的“宁对三山，不对一废”的风俗，也顺应了民间“步步高升，连升三级”的美好愿景（图4-4）。

受到内部梁架的影响，户部山传统民居屋顶的坡度普遍为30%～35%。同时，这也与本地的气候因素有关。与南方相比徐州本地雨水较少，加之建筑体量不大、进深较小，因此，徐州屋顶的出檐多为300～500mm，不影响阳光照晒。

图4-3　阳泉小河村悬山顶建筑
来源：作者自摄

图4-4　李可染故居封火山墙
来源：作者自摄

传统民居中屋顶是其重要的装饰部位，而屋脊位于屋顶的最高处，易形成视觉焦点，因此往往又是屋顶装饰的核心。传统建筑的屋脊可分为正脊、垂脊、戗脊，正脊位于屋顶前后两坡相交处，是屋顶最高处的水平屋脊，垂脊为沿着屋面坡度向下倾斜走势的屋脊，多与正脊相连形成节点。由于地域的不同，各地对正脊的装饰也有所不同，一般在正脊的中间增加宝瓶、仙人、植物等寓意吉祥的装饰，正脊的两侧一般多用吻兽，兽头向外翘首指望苍穹，有的兽尾也朝上竖立，使其具有很强的动势，仿佛带着长长的屋脊腾空欲飞（图4-5）。

图4-5　山西晋城青莲寺正脊

来源：作者自摄

4.1.1 屋脊

那么，户部山古民居的屋脊及其装饰有什么样的地方特点呢？

一般而言，南方的正脊比较高大，起伏跌宕，造型蜿蜒曲折，具有很强的形式美感，而北方的正脊装饰则相对简洁，甚至单调，色彩素雅、厚重，造型刚直、朴拙。徐州民居的正脊风格总体上更倾向于北方民居的风格，庄重典雅、质朴有劲。徐州民居的屋脊有自己的独特之处，用“扁担脊”来形容其独特再合适不过（图4-6）。之所以称为扁担脊，是因为屋脊像是古代挑东西的扁担，两头微微翘起，线条非常柔和且不失力道，正如徐州一位本地作家所写的文章标题《雄性的徐州》，徐州民居的扁担脊也是雄性而有力的。

图4-6 户部山扁担脊
来源：作者自摄

以扁担脊这一形象为基础，根据其装饰程度的不同又可细分为花板脊、大怀脊、小怀脊、透风花脊等几种类型。

1.花板脊

在户部山古民居中，花板脊一般用在客厅堂屋、门楼过邸等屋脊上。花板脊题材广泛，其图案内容有象征荣华富贵的牡丹、“出淤泥而不染”的荷花、千姿百态的卷草等（图4-7）。花板脊由脊块组成，高度和兽头的高度相匹配，宽度要窄于压在脑瓦和包口灰上的太平笆砖。脊块一定要

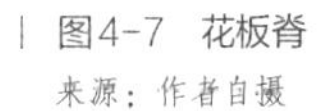

图4-7　花板脊
来源：作者自摄

是单数，一般来说安装中间的最后一块脊时，要举行合龙仪式，以示吉庆。户部山权谨牌坊屋顶以及崔家大院大客厅屋顶的屋脊均为雕刻植物纹样的花板脊。

2.大、小怀脊

大、小怀脊根据房屋在院落里的地位来增减其层数和体量大小，有的也要根据房屋的位置调整，也就是说大类里有小类，小类里还有变化，就看建造者因房制宜如何运用了。在材料方面，大、小怀脊都是在工地现场或作坊里用青砖加工而成，户部山民俗博物馆中的余家大院燕吃楼屋脊为典型的大怀脊，其余大部分均为小怀脊(图4-8、图4-9)。

图4-8　大怀脊
来源：作者自摄

图4-9　小怀脊
来源：作者自摄

3. 透风花脊

透风花脊主要是用瓦片搭接，形成透风的形态，显得轻盈美观。通过瓦片不同的搭接方式，还可以形成不同的图案，与花板脊形成对比，一个厚重而朴实，另一个则通透而空灵。余家大院中的二过邸所采用的就是典型的透风花脊（图4-10）。

图4-10　透风花脊
来源：作者自摄

4.1.2 脊兽

脊兽是屋脊中起到画龙点睛作用的一个装饰要素，我国传统民居在脊兽装饰方面往往也存在较大的差别。

1.正脊兽

官式建筑的正脊兽往往采用龙吻剑把的形式，而民居的正脊兽则相对灵活多变，如北京四合院民居往往采用“蝎子尾”的清水脊、河南民居正脊以龙头鱼身的造型为主、苏州民居则采用鱼龙吻脊或龙吻脊等（图4-11）。相比而言，户部山民居的正脊与河南民居的造型有所相似，都采用了龙头鱼身的造型，但是在一些细部方面则有所不同，河南民居鱼身部分相对简略，而户部山民居鱼身部分的鱼鳞都清晰可见，说明其装饰程度更丰富。此外，户部山民居的正脊兽还区分

图4-11　龙吻剑把脊兽

来源：作者自摄

为开口兽与吞脊兽两种，传说吞脊兽平生好吞，因此富商财主家中好用吞脊兽，表达招财进宝、多多益善之意。开口兽则多使用于宅主人功名、地位较高的住宅，形态是龙头向外高昂，面向远方（图4-12）。河南民居则似乎没有类似的区分，其正脊兽与垂脊兽通用且龙头多大嘴张开向外高昂。

与周边民居脊兽区别较大的就是户部山民居的脊兽还有等级之分，根据屋主地位的不同，正脊兽上还可以插一朵铁制的花，名为“插花兽”（图4-13），这也比普通脊兽的等级要高。而最高等级的“插花兽”则名为“插花云燕”（图4-14），即在正脊兽头上立一根铁柱，上镶三至五层铁质祥云、兰草以及日月星的图

图4-12 户部山开口兽
来源：作者自摄

图4-13 插花兽
来源：作者自摄

| 图4-14　插花云燕
来源：作者自摄

形，最顶端为铁质的飞燕，故名“插花云燕”，其等级以五层最高。整个造型中包含植物、走兽、飞禽以及代表宇宙的日月星集聚屋顶，蕴含着古人所追求的天地人合一的理念。这也从侧面说明徐州民间工匠在艺术创作上的独特之处，在建筑艺术的层面上蕴含了防火、辟邪、吉祥、幸福等多重含义。

据老人们回忆，户部山上曾经有多处使用“插花云燕”“插花兽”等高等级的脊兽，目前仅在经过修复后的户部山崔家大院中可见“插花云燕”“插花兽”，其余的大院中均已不存在了。

2. 垂脊兽

垂脊兽，顾名思义是安放于垂脊上的小兽。按照清代的规制，这些小兽领头的为仙人骑凤，后续依次为龙、凤、狮子、天马、海马、狻猊、押鱼、獬豸、斗牛。这些神兽都有着超强的本领，能辟邪消灾、呼风唤雨，还能给人带来吉祥好运。但这些神兽并非任何建筑都可以用，只有皇家官式建筑才能安放十个神兽，民间的建筑则大多都没有此类神兽。户部山民居中很少使用垂脊兽，往往只采用向外昂然翘起45度的脊头（图4-15）。根据张家泰先生在其专著中记载，此种做法与河南开封等地的民居较为类似，体现北方雄浑的风格（引自《河南民居》）。

图4-15　垂脊兽
来源：作者自摄

4.1.3 瓦当与滴水

中国古代建筑屋檐上最下一个筒瓦的瓦头，表面多装饰有花纹、人物图案或文字，它的名字叫“瓦当”，具有保护屋椽免受雨水侵蚀，避免大风穿入瓦垄，防止瓦移动而漏水甚至破裂等多重作用，还能使昆虫鼠雀难以钻入，保持瓦垄整洁。因此，古人之所以要在这块小瓦上刻上图案和文字，不仅仅有装饰功能，还有其实用功能，另外还具有深刻的美学乃至哲学意义。

徐州户部山传统民居的檐口瓦当在处理上相对统一。首先是檐口的瓦件由滴水、勾头和花边组成，在徐州地区，底瓦的端头称为“滴水”，盖瓦的端头称为“猫儿头”。在“猫儿头”上有一块盖瓦反翘向上呈扁长山面形的瓦件，徐州当地称为“迎风花边”，类似于宋代的重唇板瓦。户部山民居的瓦当继承了汉代瓦当的素朴、刚劲的艺术风格。在纹样上除了传统的四神纹样外，更多的是花鸟虫鱼的小品形象，反映了徐州人民乐观向上、热爱生活的情趣。主要有“锦上添花”“连年有余”“花开富贵”等纹样，寄托了人们祈福纳祥的美好愿望。滴水瓦当图案题材多种多样，如崔家大院府的锦上添花、鱼跃龙门，余家大院的连年有余，状元府的兰草，魏家园的菊花，都代表了不同的寓意（图4-16）。

图4-16　花边瓦、勾头与滴水图

4.2
浓妆淡抹：山墙装饰

墙体是房屋建筑的主要围护构件，在人类漫长的发展历程中，有了墙体的出现才开始有了所谓的地面建筑，人类才从原始的穴居生活中走出来，生活方式开始有了质的变化。墙和屋顶、地面的组合，使得人类有了赖以生存的房屋。土、砖、石、木等建筑材料都是建造墙体的基本材料，只有将墙体与屋顶、地面及门窗等建筑构件精密的结合，才能共同构成房屋建筑及其室内的空间。

墙面看似平淡无奇，但也是我国传统民居装饰中的重要组成部分。建造者通常会根据房屋主人的身份特征，在保证墙体构造坚固的基础上，对民居的外部采用各种方式加以装饰。一般而言，在清水砖墙墙面或石墙墙面上勾缝是最简单的装饰手法，这样可以使整个墙面显得规整洁净。在重要的部位植入经过精心打磨雕刻的高浮雕砖雕或石雕则可以起到画龙点睛的作用，更为考究的方式还有透雕形式的砖石雕刻，做法更为复杂，装饰的效果也更好。

徐州户部山民居的墙体整体而言是较为朴素的，颜色较为单调，一般是灰色的青砖墙。在墙体装饰上，常常会用象征、谐音或假借等方式，或是用直观的形象去表达居住者对于生活的一种期望。如山花上以兰花作装饰，表达的就是居住者对清逸生活的一种追求。同时，对于传统民居来说，把“墙”作为空间环境和景观因素来看，常常会以不同的高低、长短、曲直、断续等形态组合出或素雅或简洁或复杂多变的室内外空间效果。

4.2.1 山墙山花

山花，又称“砖雕悬鱼”，同悬鱼（图4-17）、惹草（图4-18）一样，都是中国传统建筑装饰的内容之一，是建筑山墙上部、层檐下的一种装饰构件，多出现在歇山顶和硬山顶建筑上。装饰题材多为花卉图案和鸟兽等，体现“雅、俗、动、静”的审美情趣。代表图案有荷花鸳鸯、凤凰牡丹、狮子滚绣球、祥云如意等，色彩朴素呈黑白灰色

图4-17　悬鱼
作者自摄

图4-18　惹草
作者自摄

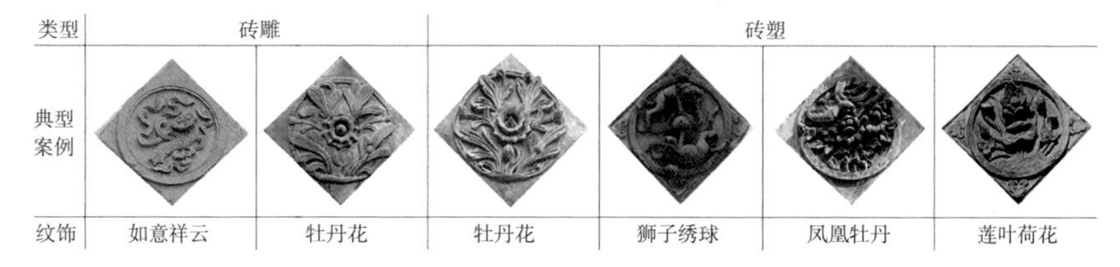

图4-19 户部山山墙山花
来源：王文卿

调，构图大气且因势创形，装饰风格独特。砖塑山花形象立体，造型生动鲜活；砖雕山花采用浅浮雕，雕刻技法沉稳细腻，较砖塑虽少几分景深层次，但整体构图更加平稳和谐，多出几分素雅。

在户部山民居中，山墙的墙面装饰主要是山花和山云（图4-19），一些大户人家常常会在两侧的山墙上镶有各种形式的山花。山花的主要作用就是装饰墙面，常用花鸟等动物、植物或图案，多含有吉祥寓意。

户部山民居的山花主要有三种吉祥图案。第一种是“狮子滚绣球”。《汉书·乐礼制》记载，汉代民间时已经流行舞狮子，两个人扮成一头狮子。一个人拿着绣球戏耍狮子。狮子滚绣球的纹样，根据舞狮子活动而来。民间传说雌雄二狮嬉戏，其毛纠缠、滚而成球、产生小狮，狮文化与中国的繁衍观念融合，是生生不息的隐喻。同时，狮子是百兽之王，是威严尊贵的象征，民间的狮子滚绣球寓意着吉祥、幸福。第二种是“因荷得偶”。纹样以莲花、荷叶、藕为内容，荷花是花中君子，并且与其他花卉不同的特性是荷花与莲实同时生长，寓意早生贵子。藕与偶同声同音,《易经》阳挂奇、阴挂偶，所以又泛称婚姻双方为偶，如常语“佳偶天成”，故图案借藕喻偶，寓意喜结良缘、早生贵子。第三种是“凤戏牡丹”。牡丹国色天香、雍容华贵，是富贵的象征，凤是百鸟之王，气质高雅，是尊贵的象征。人们借用凤和牡丹的组合图形，寓意富贵吉祥、繁荣兴旺。

山花虽好，但还需要有山云来衬托(图4-20)。因此山花两侧往往用白色的山云来陪衬出山花的

图4-20 山云
作者自摄

精致。山云一般采用白灰泼浆灰加草木灰和麻刀抹制，形似白云或绸带，面积约占整个山尖的1/2。整个山墙以灰色砖墙做基底，凸显出白色的山云与深色的山花。山花与山云的结合使呆板的山墙产生了一定艺术效果，并增加了房屋的文化内涵。

4.2.2 山墙墀头

墀头，别名“腿子”，由下碱、上身、盘头三个部分组成。墀头风格质朴，装饰素平，仅在檐口下采用清水砖墙砌筑并出挑，下部出挑方式采用硬板砖或笆砖叠涩。素平墀头常见于经济条件一般的民居中，经济实力较强的商贾大户人家则多用花砖装饰，嵌在山墙檐口部位下方，上刻祥云纹、万字纹、花草纹或“福、禄、寿”文字等纹样装饰，表达富贵吉祥平安的寓意。此外，还有“浪花飞鱼、鸳鸯荷花、飞龙在天、凤凰于飞、猛虎下山”等图案，或表达家族显赫的地位，或彰显族中弟子的功名，或暗喻淡泊名利志在乡野的追求。

在墀头的上部，即山墙与屋檐交界处的封檐采用层层出挑的叠涩方式，出三至五道细砖线脚。出檐形式有菱角檐、鸡嗉檐、抽屉檐、冰盘檐等（图4-21～图4-24），其中又以菱角檐和抽屉檐居多。此外，在砖挑出檐的最上方，多用表面光洁的太平笆砖立砌成砖搏风，面积较大，搏风头雕花或不雕，在搏风的最前段饰以“卐”字或铜钱纹样，增加山面檐口的装饰性。有的传统民居上还采用模印

图4-21　鸡嗉檐
作者自摄

图4-22　菱角檐
作者自摄

图4-23 抽屉檐
作者自摄

图4-24 冰盘檐
作者自摄

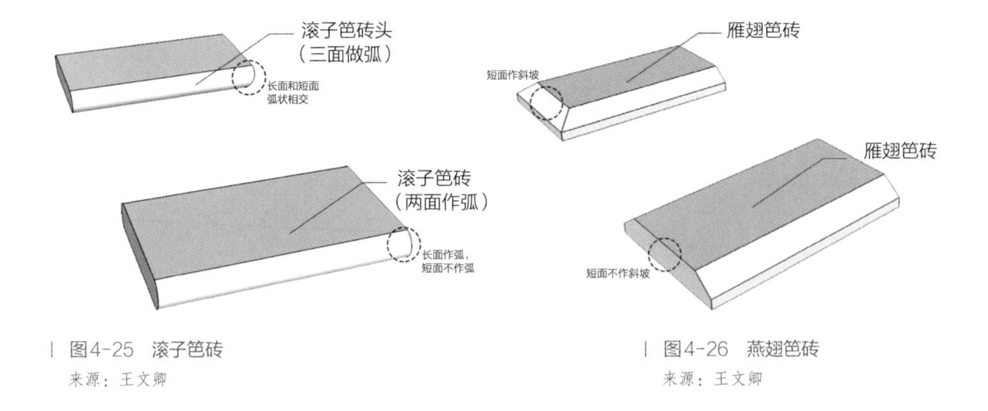

图4-25 滚子笆砖
来源：王文卿

图4-26 燕翅笆砖
来源：王文卿

的花砖替代笆砖，嵌入墙体，其装饰性更加丰富，体现出低调的奢华（图4-25、图4-26）。

4.2.3 窗户与印子石

户部山民居的山墙由于起到承重作用，一般不开门窗，有也仅在墙体上方开一个小窗，称作“望月窗”。一方面作为民居内部日常采光、通风之用，另一方面小窗的装饰也增加了山墙的艺术效果。徐州户部山地区及新沂窑湾镇多采用这种带有装饰艺术的小窗。窗户形式多变，有圆形、正方形、六边形、八边形等，窗框四周采用花砖镶嵌，凸显层次感。若地形复杂起伏多变或民居带有前廊，山墙开门洞口便于交通往来。洞口装饰别具特色，有的门楣上方呈三角形装饰，用来装饰的花砖加工呈曲线形态，花砖相互拼合形成样式独特的门头，类似中国传统装饰中的蝙蝠纹样，意有福气之意。这种花砖装饰的过门洞口，在南北方民居中还不多见，可算是本地区所特有的文化装饰符号（图4-27）。与之相似的还有用在圆形月亮门院墙中的实例。圆形的月亮门采用曲线形花砖锁边，形成一道曲折蜿蜒的圆形门洞，对洞口进行视觉上的空间界定，也可以丰富院墙的装饰（图4-28）。

印子石是苏北地区民居中所特有的建筑构件（图4-29），主要砌在梁下、转角等承重部位，和虎头钉、墙内柱相结合，有效加固墙体。印子石以就地取材为主，所用石材是当地常见的青石，经石面点錾加工后嵌入墙体的受力较大位置。印子石宽窄不一，厚度约为两层砖厚，或为砖的倍数，便于砌筑，长度与墙厚相等。从外观上看，似青绢上的斑斑印迹，当地雅称“印子石”，

图4-27 山墙门洞
作者自摄

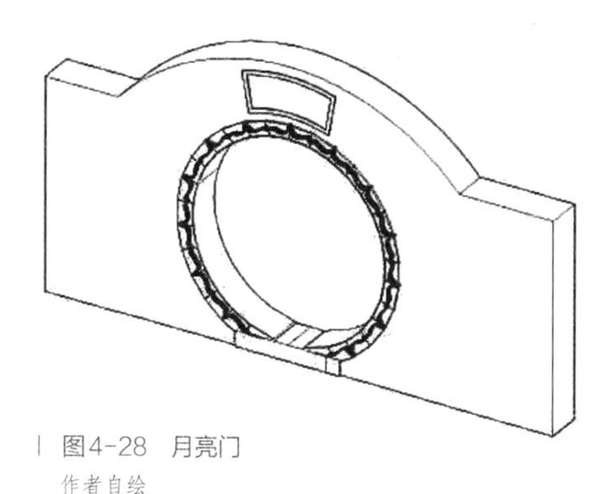

图4-28 月亮门
作者自绘

又称“压板石”。印子石上下错落有致，为淡白或淡黄，丰富砖墙的色彩感，增加房屋整体的韵味和观赏性，形成与其他地方民居青砖粉墙迥然不同的艺术效果。

图4-29 印子石
作者自摄

4.3
意味绵长：地面装饰

地面相对于屋顶来说，与人的关系要近得多，因为屋顶是高高在上的，以整体造型之美来美化建筑，同时也让人欣赏建筑优美的轮廓，但地面却是人们进入建筑中的必经之路，也是时时刻刻与人们相伴的部分。

如果按照场所来分类的话，户部山民居的铺地可以分为两个类型，即室内铺地与室外铺地。室内铺地形式较为单一，铺设方式简单，一般采用形制规整的方砖、条砖铺设。室外铺地有时需要与外部绿化或园林相配合形成更好的艺术效果，因此铺设方式较多，尤其是大户人家，室外铺地形式更加复杂多样。

4.3.1 室内铺地

户部山民居建筑室内的铺地比较素朴，用的比较多的就是方形砖与条形砖。方砖铺地类型一般采用规格统一、棱角完整的方砖进行对缝铺砌或者错缝铺砌，很少采用斜向铺砌的方式。尽管方砖具有统一的素净特点，但仍然有一些区别。室内的方砖以青砖为主，颜色大多偏重，与内部厚重的家具形成一体，从而反衬出家具装饰的精美。而廊下的方砖则偏白，与室外的石质铺地相协调，使得室内外空间的和谐过渡。矩形条砖尺寸与外墙砖相似，尺寸比方砖稍大，条砖的铺设方式一般采用“十字缝”“卍字锦”和“套方八字锦”等类型，其中十字缝最为常见（图4-30）。

由于户部山的传统民居室内也有防潮的需要，因此建筑大多建立在较高的石头基础之上，

图4-30　室内铺地
作者自摄

以有效阻隔水汽的上升，并在铺砌的时候使用夯土、石灰砂浆等材料。可见，古人在长年的使用中也逐渐摸清了阻隔地面潮气上升的方法，用低成本手段就可以达到高效能的效果。

4.3.2 室外铺地

相对单调的室内铺地而言，室外铺地就丰富多了。室外铺地的功能主要是防止雨水冲刷素土地面所导致的地面凹凸不平现象，同时也能有效地排出院落内的地面水，保持院落干燥。

室外铺地以条砖、石材为主，具有防水性好、耐腐蚀和质地坚硬等优点。铺地石材分为料石和毛石两种。讲究人家的室内铺地石料一般采用形状方正、大小相似、表面整齐平整的料石（图4-31）。而无统一标准、形状不规则的毛石一般在檐廊、花园等室外空间使用。除地砖外，讲究人家院落较大时，为衬托外部环境也有用瓦片和细条砖铺地的，一般用在非主要行走区域，造型也更加活泼灵动，多使用“卍”字形、花瓣形等几何图案（图4-32）。室外铺地一般直接铺设在素土地面上，不做弥缝处理。石材铺地的方法与地砖类似，采取错缝铺砌的方式，避免通缝，铺好的料石地面整齐平滑，防水性、稳定性好，相比地砖更加耐用。铺砌毛石地面时，多使用形态不一的石块搭配，尽量缩小石料间的缝隙。毛石地面大多凸凹不平，石料间空隙很大，易起潮且浪费灰浆。但是不论何种铺砌方法，均十分注意排水，一般中间高四周较低，周边做排水明沟或暗沟通向宅外水道。

此外，室外铺地尤其在石材的组合拼接方面要考虑到其与房屋轴线的关系，这也与我国传统的礼制要求息息相关。比如在入户门楼、过邸等重要的建筑外侧，建筑的中轴线一般与一块条石的中心线相吻合，这样多块条石相互组合就形成了一个类似通道的条石铺地组合，与周边两侧其他的石质铺地有效地区别开，形成了不同的主次关系，凸显了等级与地位的不同。

图4-31 石材铺地
作者自摄

图4-32 “卍”字铺地
作者自摄

4.4
南北过渡：彩画艺术

由于长年的战乱及水灾的影响，苏北地区现存传统民居中带有彩画的很少，目前仅四处建筑在梁架上残留着部分彩画，而户部山崔家大院的西大厅则是其中重要的代表。苏北地域的彩画具有较强的地域性，既不是北方的官式苏式彩画，也不是地道的江南苏州彩画，据专家推测为江南苏式彩画传入到北方官式苏式彩画的过渡样式。这种彩画在木雕上着色施彩，又在木构上色绘彩画，属于雕梁画栋的形式，画面立体感很强，色彩鲜亮分明，极具苏北地域的特色。

苏式彩画是古代中国建筑装饰艺术之一，起源于江南的苏州地区。明永乐年间营修北京宫殿，大量征用江南工匠，苏式彩画因之传入北方。历经几百年变化，苏式彩画的图案、布局、题材以及设色均已与原江南彩画不同，尤以乾隆时期的苏式彩画色彩艳丽、装饰华贵。官式苏式彩画主要特征是在开间中部形成包袱构图或枋心构图，在包袱、枋心中均画各种不同题材的画面，如山水、人物、翎毛、花卉、走兽、鱼虫等，成为装饰的突出部分（图4-33）。

崔家大院西大厅的彩画装饰都在梁架上，檩条部分不绘彩画，只有木构原色或涂刷油漆（图4-34、图4-35）。可以看出，江南苏式彩

图4-33　颐和园官式苏式彩画
来源：作者自摄

图4-34　崔家大院腰廊梁架彩画
来源：作者自摄

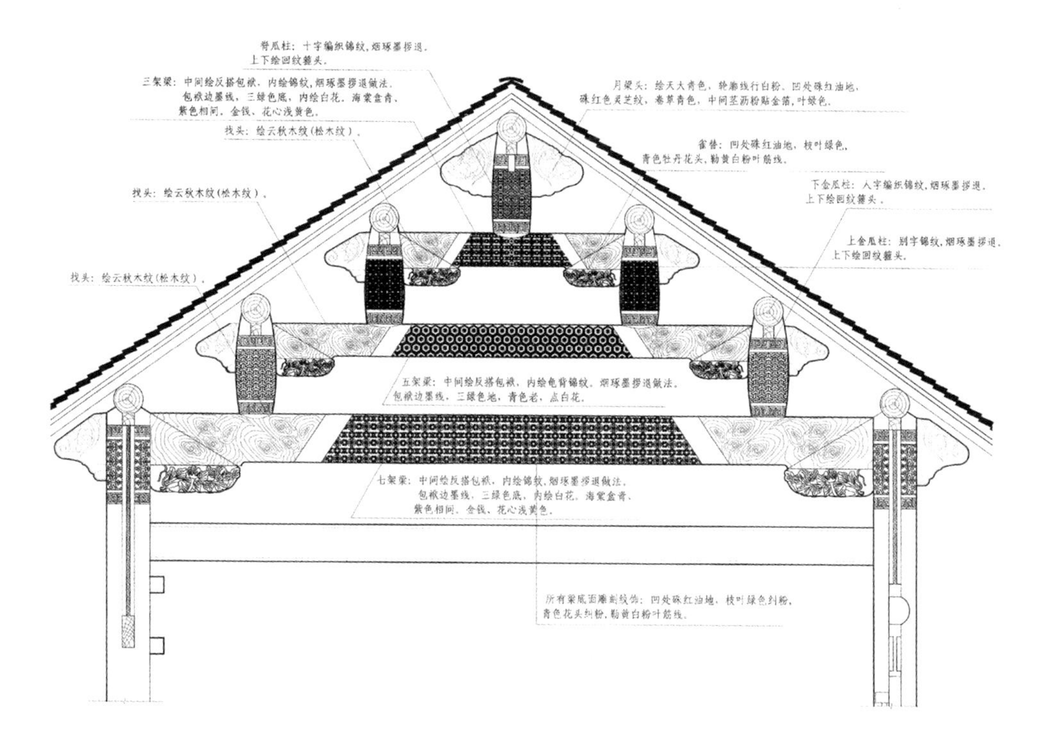

图4-35　西大厅梁架彩绘复原设计
来源：徐州崔焘故居上院修缮工程报告

画流传到了徐州后，由当地匠人吸收了部分构图、纹饰题材和艺术手法，同时在工艺上也简化了，只少量采取金箔并运用到了次要的木雕纹饰上。根据西大厅原有的彩画，同时结合对周边彩画的考察，西大厅修复后的彩画采用了特有的搭包袱，绘制各种几何造型的织锦纹样，雀替、驼峰、梁头雕刻纹饰造型构件涂底色和贴金的纹饰，采用黑红净做法的装饰等，表现出徐州地域性的装饰风格和审美价值。

5 艺融南北的营造之美

现代的建筑师在设计一座建筑的时候，相较于内部结构往往更关注建筑的外形是否美观，也就是建筑的立面和造型是否独具特色。然而，我国古代传统建筑却非如此，我国古代的工匠往往更关注于建筑的剖面，即其木结构梁架的部分，也称为侧样。工匠师傅们在设计一座建筑时，定好地盘即开间与进深尺寸等建筑规模后，就要琢磨内部木结构如何组织，从而使得建筑既稳固又能体现其特色，并无立面设计之说，而待到整座建筑完工之时，建筑的真面目也就自然浮现。因此，木结构可以被认为是我国传统建筑中最重要的骨架。

中国古建筑木结构的形式，根据结构类型目前可以分为抬梁式、穿斗式和井干式三种。除了上述几种结构之外，目前国内还有一些特殊的结构，如国内很多地方都采用的斜梁结构，这些结构出现于不同的地域，是当地的自然与人文环境共同作用的结果，徐州户部山上目前所采用的重梁起架式结构就是其中的典型代表。

5.1
独树一帜：重梁起架的建筑结构

我国地大物博、幅员辽阔，地形地貌种类多样、变化复杂，南北横跨温带和热带的纬度近50度，加之有56个不同民俗与生活方式的民族，文化有很大的差异性。而这些差异性也体现在建筑风格中，尤其是地方建筑体系之中。

徐州所处的苏北地区地处我国的南北交界地带，四季气候分明，寒暑变化显著，日照时间充足，地形平坦，少有崇山峻岭，多为低山丘陵，土地面积广阔，古往今来都是重要的交通枢纽，其饮食文化、方言、生活习惯等也呈现着南北过渡的地域特点。北宋年间黄河改道，由苏北地区入海，导致黄河水患灾害频繁发生。因此，民居选址时往往选择高台丘陵处，利用高差避免水灾。

此外，连年的战乱和自然灾害导致元代末期中国东部沿海一带人口急剧减少，对苏北地区的发展有较大影响。明朝建立后，朱元璋采取了全国大移民的方式来恢复全国生产生活，随后很多山西人迁移到东部中原地区，同时期也有江南地区的部分富户被强制迁移进入苏北，南北方的经济、文化与技术在苏北地区进行交汇，对本地建筑文化的发展与传承产生了重要影响。在上述社会背景发展下，徐州地域也出现了独有的建筑结构类型，即重梁起架结构。

5.1.1 建筑跨度有限

徐州地区传统民居中“重梁起架”结构实际上是一个比较直白、形象的说法，顾名思义重梁就是两层梁，起架则代表屋架立起的意思，它的结构做法比较简单，就是在大梁的上方再抬一道梁，两侧起两根叉手，整体形成一个三角形的屋架（图5-1）。由于气候原因，徐州古居民传统的合瓦屋面每平方米重量近300公斤，加上雨、雪、风力等活荷载，屋面重量就更大了。同时，徐州又是一个木料匮乏的地区，徐州本地人建房有一个思想叫做“能叫家宽，不叫屋宽”，意思就是宁愿家里宽裕一些，不能让住的房屋太宽大，因为房屋进深和面阔的增加就意味木料体量的加大，而大体量的木料对于本地居民来说比较难找。

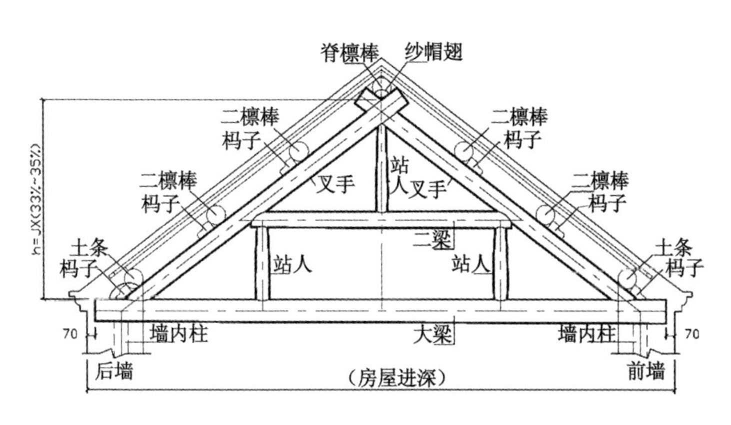

图5-1　重梁起架
来源：《户部山民居》

在徐州及周边地区的古民居，4～5米进深的房屋较为普遍，规制较高的厅堂建筑都鲜少净空6米。以5米进深的房屋为例，梁架的制作用料叉手小头16厘米就可以了，甚至有的只有15厘米，梁的用料小头也只有16厘米左右，做成的梁架就能够满足屋面荷载的要求，并且有非常强的耐久性，徐州户部山古民居现存明清建筑使用的重梁起架至今都非常完好。

5.1.2 率直屋架

1.举折

举折的做法在宋代《营造法式》中已有明确的记载，到了清代则发展为举架。我国传统建筑普遍都采用了举折或举架的做法，其根本原因在于传统建筑采用举折或举架后，屋面出檐更为深远，从而使得雨水向外飞溅更远，以免滴落到檐口部位的殿身上，使得木结构糟朽腐烂。与国内其他地方的民居建筑不同，徐州地区传统民居的屋架普遍没有采用举折的做法，这大概有几个方面的原因。

首先，本地的传统民居一般采用重梁起架与抬梁式的结构，抬梁式结构往往用于等级比较高的重要建筑中，如组群内的堂屋或客厅等，而重梁起架则用于等级相对较低的次要建筑中，如过道、配房等。次要建筑屋内进深较小，两根斜向的叉手即可以解决小进深的问题，同时叉手梁本身就是一根整木，也是一条平直的直线，也就没有必要再额外采用举折的做法。

其次，徐州冬季寒冷，出檐太深会遮挡阳光，从而影响建筑的采暖需求，而夏季雨季较短且雨量较小，遮雨的需求不突出，因此，本地传统民居的出檐都比较少，没有向外出挑深远的需求。

此外，徐州汉画像石上有很多表现汉代建筑形象的图像（图5-2）。其中建筑硬朗、直率的质朴风格体现了无举折屋面的特点，这种特色或许对后续历朝历代的本地建筑有较大的影响，因此也一直保持到了今日。

图5-2 徐州汉画像石建筑屋顶

来源：《中国画像石全集第4卷》

2. 梁架

“重梁起架”与抬梁式屋架的区别是在抬梁屋架的两侧安置两个斜向叉手，从而形成三角屋架和抬梁式的组合样式，一般由叉手、梁、站柱等构件组成，檩条不是搭接在梁上而是搁置在叉手上，数量较多且不用于柱子一一对应。并且为了防止檩条下滑，在檩条下方和叉手之间安装垫木，俗称“杩子”。这种结构规模较小，等级较低，多用于民居建筑中的明间或次间。根据居民经济水平和使用空间的不同，自由选择结构样式。

重梁起架又分为两重梁起架和三重梁起架。户部山传统民居里，两重梁起架的结构比较普遍，所谓的两重梁起架，就是指在抬梁的基础上架立叉手而成，具体做法为大小梁的两侧架立叉手，大梁上树立两根童柱，童柱上架小梁，小梁上搭接檩条并架立童柱支撑叉手。经测验，两重梁起架的木材用料仅为抬梁式的三分之一。

三重梁起架，顾名思义是指在重梁起架的基础上再多增加一道梁，形成一、二、三道梁共同支撑斜向叉手的屋架结构（图 5-3）。由于梁架的增多使得建筑的高度有所抬升，从而导致建筑在进深方向有所增加，适用于对室内空间进深和高度有所要求的重要建筑。三重梁起架在满足大跨度和大尺寸的要求的同时，也同样能够很大程度上节约木材。重梁起架的结构性能优越，较细小的木材也能满足支撑荷载，较抬梁式同等尺寸的空间跨度大约也能省下 2/3 的木材。

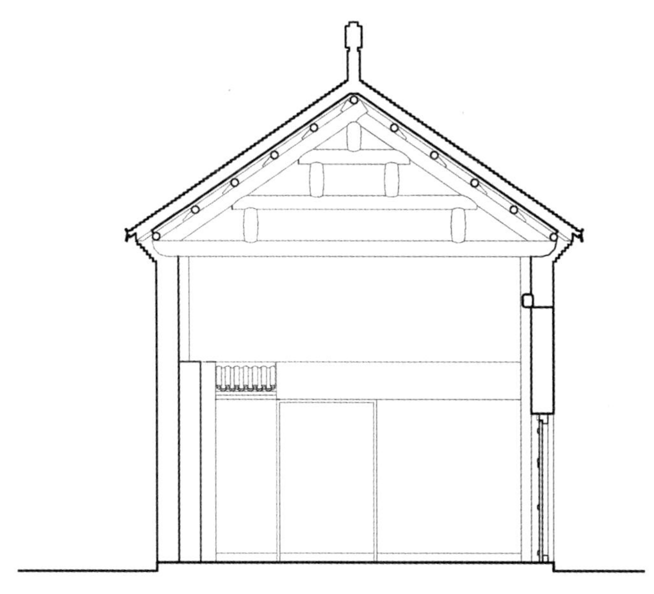

| 图5-3 三重梁起架
作者自绘

5.1.3 檐下精灵：插栱

户部山中的传统民居中往往有一个特殊的部位被人们所关注，就是檐口下的一组斗栱。这个斗栱与我国南方、北方的斗栱都不太一样，一个特点是做法简单，另一个特点就是插入墙身内部，因此，本地工匠也称之为插栱。

1.插栱的位置

插栱的作用就是直接插入墙体用来辅助支撑屋檐的重量。其起源于早期用于檐下为了辅助支撑较大的出檐而设的弯曲状斜撑，也可能是由早期的擎檐柱逐渐发展而来。根据建筑的规模、层数及等级的需要，插栱在建筑中所处的位置也有所变化。一般而言，插栱处于院落入口大门的上部与建筑二层花窗的上部（图5-4）。

徐州民居建筑群一般采用过邸（门屋）的形式作为其主要出入口，过邸一般简朴而内敛。但进入过邸之后来到院落的内部，重要建筑的主要大门上部往往采用挑檐来体现其地位的重要性，因此在挑檐的下方需采用插栱的方式来加以承托，如徐州户部山崔家大院西花厅插栱、南房插栱，余家大院二进院落入口等（图5-5）。在建筑墙身的中间采用挑檐的方式，不仅可以强调入口在建筑中的重要地位，同时也能借助插栱、瓦当等装饰性较强的构件，体现院落主人的身份等级。

图5-4　余家大院插栱

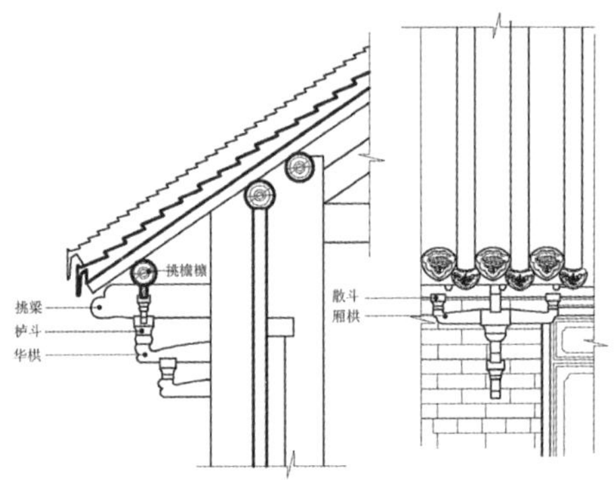

图5-5　典型插栱

此外，徐州地区民居院落内的部分建筑二层挑檐也采用了插栱，如户部山余家大院内绣楼。这些建筑多为主人的女眷或子女居住，在整个院落内相对隐蔽，私密性较高。建筑以两层、三间为主，二层的两侧开有小窗而明间的窗户则相对较大，在窗户的外侧多设有栏杆以防止跌落，人在屋内即可以凭栏远眺。明间窗户的外侧就是屋面向下延伸至此的挑檐，檐口的下部用插栱支撑挑檐。

2.插栱的结构与装饰

户部山的插栱由华栱、挑梁、挑檐檩、替木、厢栱、栌斗、散斗及屋身内柱等几部分组成（图5-5），其中最引人注目的就是层层出挑的华栱。华栱一般插入墙身向外出挑，其层数一般为两到三层，最底部的华栱出挑最短，每上一层出挑的华栱长度逐渐增加。华栱的外挑端部一般支撑一枚散斗，底端的散斗支撑上部的华栱并随之层叠而上。由于檐口部位受力增大，因此在层叠华栱的最上部采用断面较大的挑梁。挑梁与华栱相似，也由墙身向外出挑且外挑的长度在所有构件中最长。挑梁的最外端头部位，向上支撑替木与挑檐檩，承托挑檐檩传来的屋檐荷载，向下则通过栌斗与厢栱的组合构件将力传给层层出挑的华栱。由于向外出挑过长，在部分华栱的中间还增加一枚散斗，用以减少华栱所受弯矩的影响（图5-6）。

华栱和厢栱均为主要出挑的构件，华栱一般垂直于墙身而厢栱则平行于墙身。向外出挑的华栱一般在栱身上采用影刻或卷杀的方式形成曲线，少数华栱还在栱端头进行卷杀加以装饰。与华栱相比，厢

图5-6 北望村渡江战役总前委旧址插栱

栱由于位于檐口以下最外出挑的一层，因此，相对而言装饰性更强一些。插栱中的厢栱一般呈现出一种曲线美，在两侧栱端头往往采用卷杀的形式来加强曲线线条，在栱身中间也多以折线或曲线状的形态与齐心斗相连接。部分厢栱在保证与栌斗、挑梁交接的基础上，通过调整栱身高度来加强其装饰效果，而其所表现的特征与汉阙上的斗栱形式比较相似。

插栱中的挑梁是插栱中最大的构件。在墙身部位挑梁的一端多插于内柱，挑梁外部的另一端则支撑整个挑檐。在挑梁的外侧一端下方多为栌斗或栌斗加华头子，挑梁的上方则多为替木与挑檐檩，因此，挑梁在整个插栱中的作用非常重要。徐州地区插栱中的挑梁多用圆木，有的插栱在插入墙身内柱的挑梁一端仍然表现为圆木，在靠近栌斗的内侧则通过一道斜向的砍杀将挑梁砍为直木。在栌斗外侧的挑梁端头多装饰有卷云纹，作为整个挑梁的标志性装饰。在栌斗上挑梁下的华头子也随之而作卷云纹加以辅助装饰。

总体而言，徐州地区的插栱以简单朴素、内敛质朴的整体装饰风格为主要特征，但其细部纹样与装饰又透露出多变且丰富的艺术特征。

5.2
里生外熟：因地制宜的墙体工艺

中国的传统建筑讲究的是“墙倒屋不塌”，意思就是即使四周的墙倒了，但是建筑的主体还在，由此可见墙体在中国传统建筑中大多承担围护的作用而非主要的承重功能。根据使用的材料，墙体可以分为土墙（包括夯土和土坯墙）、砖墙、石墙、木墙、编条夹泥墙等，也有很多材料混合使用的墙壁，如：墙体下部为石，上部为砖或土；墙体下部为砖，上部为土；墙体为空斗，面层为砖，中间填土等。

5.2.1 墙体材料

夯土墙是我国墙体中古老的形式之一，使用木板作为模具分层夯实黏土或混合土（一般用土和石灰混合或土或砂石、石灰混合），这种方式也称为版筑，在商周、汉、唐等建筑遗址中均有发现使用。

砖石则是古建筑墙体广泛使用的材料。战国时期的遗址已有发现使用砖，河南北魏嵩岳寺砖塔表明这一时期砖的制作与使用已经达到很高的水平。《营造法式》对砖的制作和砌筑有专门的叙述。砌砖的方式有半砖顺砌、平砖丁砌、侧砖顺砌、顺砖丁砌、立砖顺砌、立砖丁砌等多种形式，明清建筑墙体多三顺一丁、二顺一丁或一顺一丁，砖墙还有空心砖墙、空斗砖墙等（图5-7）。

图5-7 空斗砖墙
作者自摄

在南方民居木构建筑中常用木材做外墙和内墙，编条泥墙也有使用。石墙除少数山区，小式建筑、墓室等以外，在房屋建筑中的使用不及砖墙和夯土墙普遍，也有部分房屋用石和夯土、砖混合砌筑墙壁。

5.2.2 里生外熟墙体

苏北地区冬夏季较长，因此民居对于保温隔热也有较大的需求，传统民居的外墙往往比较厚重，由此也催生了当地独有的“里生外熟”墙体砌筑技术。徐州民间，烧制后的砖料称为“熟”，未经烧制的土坯砖称为“生”，因此，所谓“里生外熟”是指墙体的外部用烧制后的熟料砖，内部则采用生料土坯砖，通过烧制砖和土坯砖相搭配砌筑的方式使得墙体具有较好的保温隔热性能（图5-7）。

这种“里生外熟”的墙体结构主要起着以下三个方面的功能：一是结构承重。砖外层对土坯墙体起着加强和保护作用。所谓加强作用是指受力而言，砖和土坯共同承载重力，加强了物理性能；所谓保护作用是指防水防潮防风化。外墙用砖体砌筑可利用砖的优良物理性能保护土坯免受风化和腐蚀，延长墙体使用寿命。二是保温隔热。这种墙体厚度一般在50～60厘米，碎砖中有空气层，保温隔热性能好，徐州地处北温带偏南地区，冬季漫长，墙体厚重有利于冬暖夏凉的功能需要。三是装饰。利用砖墙特有的厚重和粗犷的质感形成整齐、统一的墙面，起到了很好的墙面装饰效果。基于以上三点，因而这种营造方式在当时甚为流行（图5-8）。

根据砌筑做法不同，徐州“里生外熟”墙体分为两种结构形式，即“熟/生/熟”与“熟/生”结构（图5-9）。“熟/生/熟”结构的墙体多用于堂屋、客厅等重要建筑的部位，在两层烧制砖墙中留设腔体填入土坯、碎砖等。房屋营建时所产生的一些材料垃圾被填入空腔中，一方面解决了垃圾处理的问题，另一方面则提高了墙体的保温隔热性能，可以说是一举两得。

而“熟/生”结构的墙体，室外部分采用砖墙，室内采用土坯砖，室内土坯墙体一般用灰浆或泥浆抹面，这种墙体保温隔热性能也比较好，但是外墙砖和土坯砖之间连接性较差。为了解决这一连接较差的问题，徐州本地的匠人发明了两种加固的方法，即虎头钉与印子

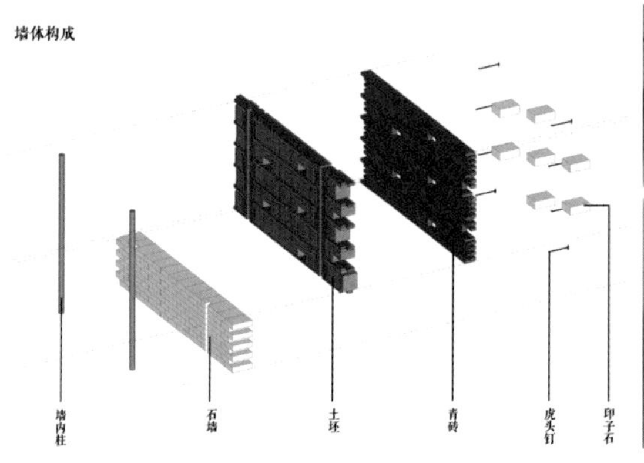

图5-8　墙体构成
来源：郑力

图5-9　里生外熟墙体构造
来源：作者自摄

石（图5-10）。虎头钉由钉头、钉身和钉梢组成（图5-11）。钉身截面呈矩形，钉身长度服从于清水砖墙的厚度需要，钉梢处弯勾5厘米左右。虎头钉常与墙内柱和门窗框组合使用，穿过墙内柱两侧并与弯勾和墙内柱牢牢结合，起到稳定墙内柱的作用。大门两侧的虎头钉还起到固定门框的作用。印子石则是为加固墙体而特别加工的砌墙材料，主要砌在梁下、转角等承重部位，和虎头钉、墙内柱相结合，使墙体得到有效的加固（图5-10）。印子石所用石材为徐州当地所产青石，宽厚度不等，长度与墙同厚。在加固墙体的同时，也丰富了墙体的装饰效果，上下错落安装摆放，颜色为淡白或淡黄，丰富了灰色砖墙单一的色调，增加了房屋整体的观赏性和韵味，形成与其他地方民居青砖粉墙迥然不同的艺术效果。

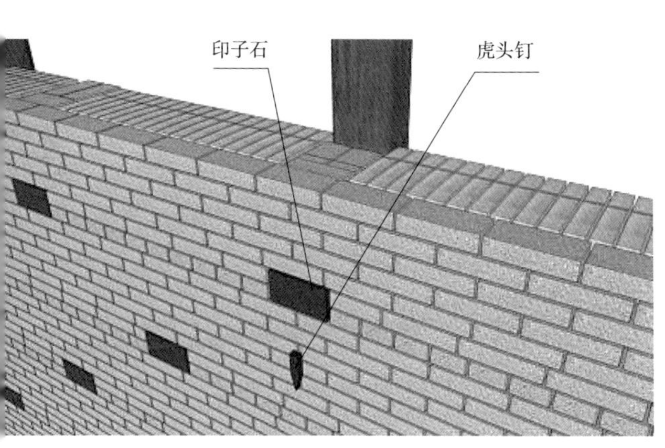

图5-10　印子石与虎头钉

来源：王文卿

图5-11　虎头钉

作者自摄

5.3
自成一派：徐州车村帮的传统营造技艺

5.3.1 营造程序

户部山传统民居的营造技术以车村帮的工匠技术体系为基础，可以概括为以下六个步骤，即择址定向、平土打夯、定位放线、砌墙、架料上梁和盖屋盖（表5-1）。

营造程序（来源：王文卿）　　表5-1

 1.地基与基础工程	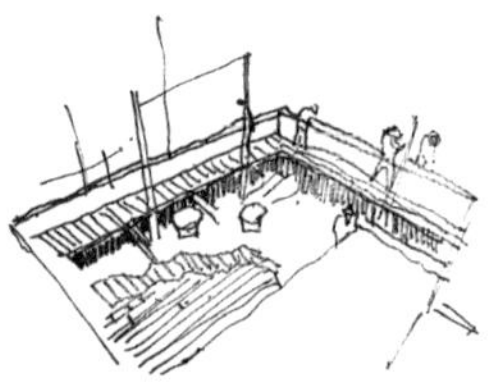 2.砌一层墙体	 3.立一层木构架
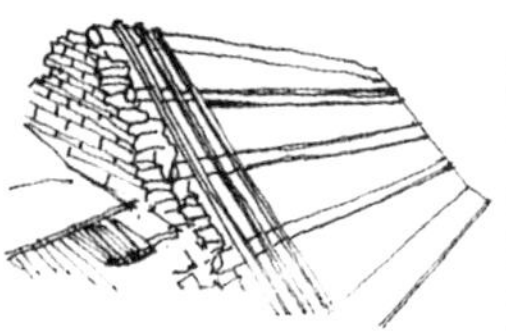 4.砌二层墙体	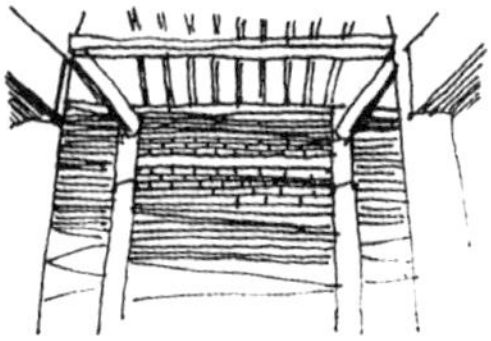 5.立二层木构架	 6.屋盖工程

择址定向：苏北地区的徐州为帝王之乡，受两汉文化影响，上下有别，除宫殿为正南正北，百姓建房则须偏位。根据徐州风俗，西南方向为阴，东南方向为阳，所以所有堂屋都按子午线抢阳5度，而过邸抢阴，这样阴阳方能调和。建房前，先用罗盘打出子午线，然后确定轴线，对整个宅院进行整体定位。每个院落以及东西厢房南山墙往里进5度，且整个大院统一放成前窄后宽的梯形（徐州风俗认为“前窄后宽”为聚气）。

平土打夯：由于这一地区黄河、淮河泛滥频繁，时常发生洪涝灾害，因此，建房前必堆土为台，台高1米甚至丈余，房屋则建在已经堆好夯实的土台上，故徐州地区常以“台”为村庄名，如“杨台”“权台”等。同时，这一地区在清末常受“捻军”和土匪袭扰，为了护卫村庄，村民在村边起土筑围墙，内为寨子，外成壕沟，因此，村庄也常以“寨子”“圩子”为名，如“张圩子”“郝寨”等。故建村先筑墙，建房先筑台成为那一时期比较固定的做法。

定位放线：中间环节的定位放线尤为重要，是房屋平面布局和门窗檐口是否平直的关键。平土打夯之后在拟建房屋的四角竖立龙门板，按墙里外皮放线，保证横墙与纵墙垂直。墙砌到0.5～1米高度时，要沿墙内侧用墨斗弹出水平线，也叫“50线”。该线是房屋地面、门窗、檐口、屋盖水平的参考。墨斗弹线前需用水平尺确定端点相同的高度，然后绷直墨线依次弹出。中华人民共和国成立后，常使用软水管来确定两端点在同一水平线上，利用了连通器的原理。这样就增强了放线的准确度。现在施工过程中为了提高施工效率和精确度，使用激光扫平仪，将该仪器置于房间内，确定光源的高度，即可在四面墙上显出在同一水平线上的四条直线。

砌墙、架料上梁和盖屋盖：需要注意的是具体到某一栋房屋，需按房屋类型，选择相应的营造程序。例如某房屋为原址复建工程，在拆除和清理工作结束后，首先放线并重新夯实地基，用原石块砌筑基础。然后砖瓦匠砌筑墙体直至一层梁架底面标高处，与此同时杂工力工开挖好了放置柱础的槽，并做好垫层，石匠按标高面和设计位置摆放好柱础。接着木匠将事先加工好的构件运送至现场进行组装，先竖柱子，再嵌入梁枋，随后校正竖直水平，最后加固钉木戗龙门架，完成一层木构架的安装（表5-2）。

此后，砖瓦匠又回来重新砌筑墙体，直至山尖，后墙也到檐口高度。木工紧跟着完成二层木构架的安装，并铺设一层龙骨楼板和屋盖层的椽子。砖瓦匠在椽子上铺设笆砖，做苫背层时，技术精湛的瓦工要完成山墙与后墙的封檐工作，剩余的砖瓦匠继续做苫背层。如此配搭可同时完成封檐与苫背工作，待屋面苫背层紧密结合、封檐干燥稳定后，就可以开始铺瓦的工作，其后就是筑脊。多数房屋按此流程施工，也有一些较为重要的厅堂采用抬梁式屋架，需要先装配好大木梁架，接着砌墙做屋盖。

“抬梁式”房屋建造流程示意图（资料来源：王文卿） 表5-2

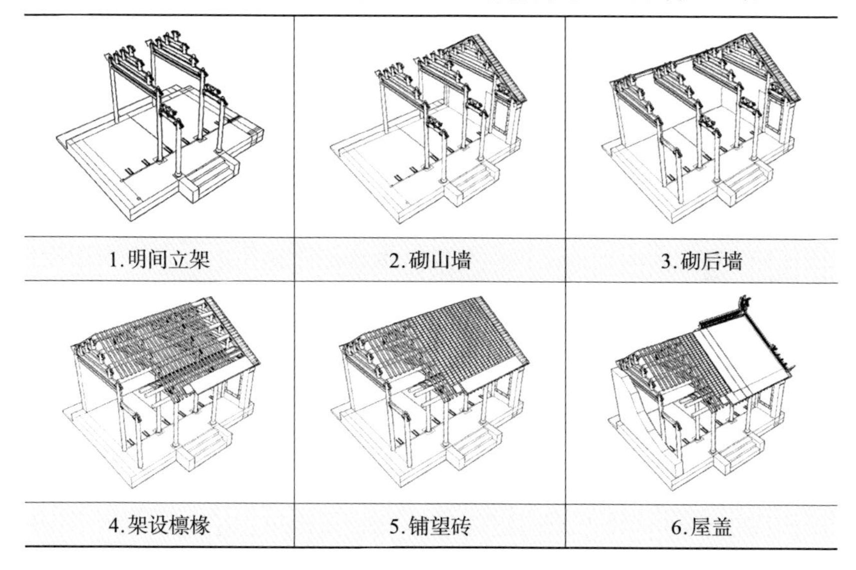

1.明间立架	2.砌山墙	3.砌后墙
4.架设檩椽	5.铺望砖	6.屋盖

5.3.2 徐州传统营造传承代表：车村帮

车村帮是活跃在江苏北部徐州地区的一支从事传统建筑的工匠群体，与香山帮的形成有点类似，据传已经有100多年的历史。据《铜山县建筑业》记载：明清时代县内从事建筑工作的泥瓦匠、木匠、石匠等帮会组织，大都是父传子，以师带徒的方式传授技艺。辛亥革命后，刘集、三堡等集镇开始出现建筑行业组织。较有名气的就是车村人瓦工张培谏、张培亮兄弟等人，他们有8个徒弟，遍布刘集镇、黄集镇等地。民国时期是车村帮营造事业发展的高峰，他们修建了乾隆年间的荆山桥和乾隆行宫，参与建设了北京十大建筑和徐州历史上有名的霸王楼、文庙、平山寺、钟鼓楼等地标性建筑，成为苏北地区一支重要的古建筑营造技艺流派。

如果把徐州的车村帮和苏州的香山帮相比较，尽管香山帮的名气要大很多，但是两者在传统建筑营造技艺方面的追求是不相上下的，在地域特色方面的表达则有所不同。在建筑装饰上香山帮以苏式风格的木雕砖雕彩画见长，被举为苏式建筑的杰出代表，他们将建筑技术与建筑艺术融为一体，是中国古代汉族建筑业界的重要流派。受楚汉文化的影响，徐州人尚武豪放、诚实诚信的性格和徐州的地理环境气候等条件造就了徐州车村帮营造工艺的地域特色和徐州传统建筑风貌。因此，车村帮的传统工艺既有南方的秀美，又有北方的雄伟，既有南方的细腻，也有北方的粗犷，比南方浑厚，比北方灵活，如插花云燕、重梁起架、彩画、插栱等均为其代表作品。

在户部山民居院落的修缮过程中，以非遗传承人孙统义先生为代表的车村帮起到了至关重要的作用。崔家上院、余家大院等重要院落的修缮工程都是由车村帮按照徐州传统营造工艺进行修缮和保护。如今，崔家大院和余家大院已然成为展现徐州地区传统营造技艺和传统建筑风貌特色的典型代表。

6 结论

在依次体验了户部山民居群的院落之美、建筑之美、装饰之美和营造之美以后，我们可以得到对于这一组院落建筑群相对完整的印象。

户部山民居群的院落组织具有山地建筑群绕山营建的特色，在江苏地区具有独特性；院落布局在符合传统礼制的基础上，体现了南北过渡地区的融合性；院落景观与陈设体现了前人对美好寓意的追求。

户部山民居群的建筑单体造型具有雄朴沉稳的艺术特征，传承了楚汉文化的精神气质；门屋与厅堂做法简练，具有地方特征；鸳鸯楼错层设置入口，是山地建筑特色的体现。

户部山民居群的装饰整体以古拙为美，体现庄重柔和、意味绵长的艺术追求。屋面装饰中独特的插画云燕做法，体现了工匠高超的技艺；瓦当图案具有汉风古韵，山墙的印子石做法兼具实用性与装饰性；地面装饰简洁而意味绵长，彩画做法体现出江南苏式彩画向北传播过程中的流变。

户部山民居群的营造技艺独具一格，且传承有序。重梁起架和里生外熟的做法体现了因地制宜的营造智慧，提供了低成本的木构梁架和砖砌墙体方案，并形成了以“车村帮”为代表的营造传承，有利于徐州地区传统建筑特色的保护和延续。

总的来说，户部山民居建筑群，既沿袭了传统民居的布局手法，又体现出随地形变化的灵活布置。今天我们研究以户部山为代表的传统民居建筑群，既是出于保护文化遗产的需要，更多是从前人的经验中汲取中国本土建筑的新基因，并由此创造更加美好的未来生活。

接下来，我们还将对于更多江苏的特色传统民居院落开展研究，以期为新时代的建筑设计提供更多借鉴，打造江南建筑学派的独特风格。

后　记

2017 年，江苏省住房和城乡建设厅下发《关于实施传统建筑和园林营造技艺传承工程的意见》，组织开展了一系列江苏传统建筑特色研究和文化推广工作。本书作为系列工作之一，立足实地调研和文献资料研究，总结梳理徐州户部山传统民居群的建筑文化特色和历史演进的脉络，深入解析徐州传统民居中蕴含的文化内涵、空间特色和营造技法，力图展现江苏多元的传统营造技艺和地域建筑之美。

本书由崔曙平拟定构架；第一、二、三章由南京林业大学柴洋波老师执笔，第四、五章由中国矿业大学张明皓老师执笔，江苏省城乡发展研究中心富伟、王泳汀参与了实地调研和书稿的编校工作，薄皓文设计了本书的封面，崔曙平承担了全书的统校工作。感谢江苏省住房和城乡建设厅刘大威副厅长，人教处陈浴宇处长、方直副处长，江苏省建筑文化研究会章小刚副会长对课题研究和书稿编撰工作的关心和支持。感谢东南大学董卫教授在百忙之中为本书作序。中国古建筑营造工艺大师、徐州民居传统营造技艺传承人孙统义老先生作为项目的顾问专家，为本书的撰写提供了专业指导，徐州市城市建设档案馆程恺主任提供了大量图像资料和基础素材，东南大学陈薇教授、南京大学胡阿祥教授、南京艺术学院何方教授、著名文化学者陈卫新先生、周学先生等专家学者对研究工作给予了重要的指导，在此一并致以深深的谢意。

2021年9月，中共中央办公厅、国务院办公厅印发了《关于在城乡建设中加强历史文化保护传承的意见》强调在城乡建设中系统保护、利用、传承好历史文化遗产。江苏有着悠久的建造历史和丰富多元的建筑文化和建筑遗存。开展江苏建筑文化的系统研究和社会推广，汲取传统营造中的智慧，推动优秀传统建筑文化在当代城乡建设中的创造性转化和创新性发展，是城乡建设高质量发展和美丽江苏建设的必由之路。我们将继续努力，持续开展系列研究工作，为江苏传统建筑文化的保护传承和发展创新贡献力量。

参考文献

1. 余家谟. 铜山县志（民国本）[Z].
2. 吴世熊，朱忻. 徐州府志（同治本）[Z].
3. 潘谷西. 中国建筑史 [M]. 北京：中国建筑工业出版社，2004.
4. 孙统义. 徐州崔焘故居上院修缮工程报告 [M]. 北京：科学出版社，2012.
5. 孙统义，常江，林涛. 户部山民居 [M]. 徐州：中国矿业大学出版社，2010.
6. 中华人民共和国住房和城乡建设部. 中国传统民居类型全集 [M]. 北京：中国建筑工业出版社，2014.
7. 汉风. 寻访徐州老建筑 [M]. 北京：中国戏剧出版社，2001.
8. 汉风. 走近户部山 [M]. 北京：中国戏剧出版社，1999.
9. 季翔. 徐州传统民居 [M]. 北京：中国建筑工业出版社，2011.
10. 马燕，张明. 徐州老街巷 [M]. 北京：北京燕山出版社，2017.
11. 徐州市户部山（回龙窝）历史文化街区管理中心. 户部山印象 [M]. 南京：南京大学出版社，2018.
12. 徐州汉画像石艺术馆. 徐州汉画像石 [M]. 南京：江苏凤凰美术出版社，2019.
13. 徐雯雯. 传统四合院应对地形营造方式研究 [D]. 南昌：江西师范大学，2020.
14. 吕立胜. 徐州户部山传统民居研究 [D]. 西安：西安建筑科技大学，2014.
15. 张明皓，苗天添，刘芳兵，等. 浅析苏北地区传统民居中的插栱技术与艺术特征 [J]. 古建园林技术，2018（3）：14-18.

16. 孙统义.在《徐州崔焘故居上院修缮工程报告》首发仪式上的讲话（摘录）[J].古建园林技术，2013（3）：79.
17. 孙统义.徐州市户部山古民居崔家大院鸳鸯楼[J].古建园林技术，2010（2）：76-78.
18. 张超.苏北与苏南传统民居建筑的比较——立足于徐州户部山崔家大院的研究[J].艺术与设计（理论），2010，2（8）：145-147.
19. 葛藤，常江，Gabriele Horn.解读徐州户部山古民居[J].中外建筑，2009（7）：37-39.
20. 孙统义.以文物法和《曲阜宣言》为指南修复崔焘故居[J].古建园林技术，2009（2）：5-8+4.
21. 刘玉芝.徐州户部山崔家大院建筑特色研究[J].东南文化，2009（5）：89-93.
22. 孙继鼎，张明皓，王文卿.浅析户部山古民居余家大院的院落布局与文化特质[J].古建园林技术，2016（4）：81-83.
23. 王倩倩.民俗文化中的吉祥艺术在民居建筑装饰中的图形表现——以徐州户部山民居为例[J].大众文艺，2017（23）：86-87.
24. 季翔.徐州户部山传统民居探究[J].南京艺术学院学报（美术与设计版），2008（1）：144-146.
25. 张明皓，王文卿，郭震，等.苏北地区传统民居的梁架类型与结构技术[J].装饰，2017（7）：111-113.
26. 朱光亚，龚恺.江苏乡村传统民居建筑特征解析[J].乡村规划建设，2017（1）：14-28.
27. 滕有平.徐州传统民居建筑装饰与空间的度量关系研究[D].无锡：江南大学，2015.
28. 马宇威. 徐州传统院落与街巷的研究与应用[D].徐州：中国矿业大学，2014.
29. 郝秀春.北方地区合院式传统民居比较研究[D].郑州：郑州大学，2006.

30. 王春雷.徐州户部山余家大院建筑艺术探议[J].中外建筑，2006（2）：48-49.
31. 王文卿.苏北地区（徐宿连）传统民居营造工艺研究[D].北京：中国矿业大学，2017.